# 打造流畅的
# Android App

萧文翰 著

U0298761

清华大学出版社
北京

## 内 容 简 介

本书以 Android App 性能优化为切入点，深入浅出地介绍性能优化的重要性和提升 Android 产品性能的方法与技巧。全书共分 8 章，主要内容包括：第 1 章介绍性能优化的重要性及开发环境的优化；第 2 章介绍 3 种静态代码检查工具的使用及技巧；第 3 章介绍 Android Profiler 的使用，通过对 App 运行时状态的跟踪揪出性能问题的"元凶"；第 4~8 章将性能优化融入整个开发流程中，做到"未雨绸缪"，这部分内容同样适用于对已有产品进行性能优化的参考。此外，本书针对各个优化主题都列举了进行性能优化的一般步骤及典型案例，以帮助读者快速提升实战技能。

本书适合所有 Android 开发人员使用，通过阅读本书读者能够建立敏锐的"嗅觉"，开发出高性能的 Android 产品，同时，可以通过合理的重构和代码优化改进现有的 App 产品。

**图书在版编目（CIP）数据**

打造流畅的 Android App / 萧文翰著.—北京：清华大学出版社，2020.9

ISBN 978-7-302-56152-1

Ⅰ. ①打… Ⅱ. ①萧… Ⅲ. ①移动终端－应用程序－程序设计 Ⅳ. ①TN929.53

中国版本图书馆 CIP 数据核字（2020）第 143495 号

责任编辑：王金柱
封面设计：王　翔
责任校对：闫秀华
责任印制：丛怀宇

出版发行：清华大学出版社

网　　　址：http://www.tup.com.cn，http://www.wqbook.com
地　　　址：北京清华大学学研大厦 A 座　　　　邮　　编：100084
社 总 机：010-62770175　　　　　　　　　　邮　　购：010-62786544
投稿与读者服务：010-62776969，c-service@tup.tsinghua.edu.cn
质 量 反 馈：010-62772015，zhiliang@tup.tsinghua.edu.cn

印 装 者：大厂回族自治县彩虹印刷有限公司
经　　销：全国新华书店
开　　本：180mm×230mm　　　印　　张：12.5　　　字　　数：280 千字
版　　次：2020 年 10 月第 1 版　　　　　　　印　　次：2020 年 10 月第 1 次印刷
定　　价：59.00 元

产品编号：086700-01

# 前　　言

在移动互联网行业高速发展的今天，移动 App 开发，尤其是 Android App 和 iOS App 无疑正处于移动开发领域中双足鼎立的重要位置。前者以 77.14% 的市场占有率（2019 第二季度统计数据）遥遥领先，正在被大多数用户使用。这与其开放的特性、丰富的 App 以及自身的迭代发展密不可分。

与此同时，对 App 的要求已经不再是以"能用"为标准，更多的是"易用、好用"。这里面又关系到 UI/UE 设计哲学、项目管理、架构设计、性能优化、压力测试等环节；类微信小程序的出现和流行也在不断地蚕食着独立 App 的装机量；再加上同类 App 的竞争已经发展为一场"零和游戏"……诸多因素，导致了很多表现一般的 App 连在设备上"站稳脚跟"都很难。

因此，如何使独立 App 脱颖而出成为开发者最为关注的问题。本书的目的是帮助有一定开发基础的工程师快速进步，帮助企业打造运行更加流畅的 App。

## 本书内容

全书总共分 8 章，主要内容概要如下：

第 1 章介绍进行性能优化的目的，即重要性，以及 Android App 出现性能问题的表现，帮助读者敏锐地"嗅"到问题。此外，还将详细介绍如何配置开发环境，让开发过程更加高效。

第 2 章介绍静态代码的检查方法，除了 Google 官方推荐的 Lint 工具外，还包含 CheckStyle、SpotBugs 以及 PMD。

第 3 章介绍如何通过监视 Android Profiler 报表发现性能（包括 CPU、内存、网络及耗电）问题，并定位到具体代码位置。

第 4 章则回到开发过程之初，详述移动架构即 MVC、MVP 和 MVVM，并辅以三者的对比及实战演练。

第 5 章针对 Android App 保活进行专题讲解，详细描述保活问题的现状以及对策。

第 6 章针对 Android App 网络 IO 瓶颈进行专项突破，涉及网络异步线程请求优化、数据量传输优化等方面。

第 7 章来到产品预发布阶段，主要介绍优化 APK 安装包大小的方法，以及多渠道打包的技巧。

第 8 章针对 Android App 耗电以及异常崩溃处理进行优化。

通过本书的学习，读者可以了解当前的移动开发模式与传统软件开发模式在项目管理上的不同；如何设计 Android App 架构以实现易于开发、便于理解以及扩展性强的代码；如何查找 App 的性能问题，并在代码中快速定位它们；掌握 Android Studio 中自带的性能分析工具；掌握 Android 平台中常用的算法与设计模式，等等。

## 本书特色

本书的特点是注重实战，语言通俗易懂，全流程化地介绍了 Android App 开发过程中各个环节的优化方法与技巧以及相关优化工具，另外还介绍了一些疑难杂症的解决办法，让读者阅读本书后可以运用在自己的实际开发中，特别适合有一定开发基础的工程师，以及移动 App 项目管理者阅读。

读者可根据自身需求逐章节阅读，也可在遇到问题时直接选择对应内容的章节查找答案。相信通过本书的学习，能够帮助读者建立敏锐的嗅觉，快速找到性能问题的解决办法，打造出流畅的 App 产品。

## 本书源代码下载

读者扫描右侧二维码可以下载本书示例源代码。

如果你在下载过程中遇到问题，可发送邮件至 booksaga@126.com 获得帮助，邮件标题为"打造流畅的 Android App"。

## 本书适合的读者

本书适合所有 Android 开发人员使用，通过阅读本书读者能够建立敏锐的"嗅觉"，开发出高性能的 Android 产品，同时，可以通过合理的重构和代码优化改进现有的 App 产品。

## 致谢

感谢本书的策划编辑王金柱老师，他高效的工作使得本书得以早日与读者见面。

感谢我的挚友、导师和妻子卢艳雁女士对我写书的支持、陪伴和鼓励。

感谢我的同事们，在工作中，你们不断给我带来灵感和帮助，很珍惜和你们在一起的时光。

感谢所有关注我的朋友们，你们的认可和激励使我拥有前行的动力。

由于笔者水平有限以及技术的快速迭代，书中内容难免会有错误，欢迎读者批评指正。

萧文翰

2020 年 3 月

# 目　　录

# 第1章

## 概述

近年来，移动互联网在全球范围内发展之迅速是有目共睹的，而 Android 和 iOS 可以说是用户量很大、开发者很热衷的两大平台了。其中，Android 操作系统以 77.14%的市场占有率（2019 年第二季度统计数据）遥遥领先。无疑，高居榜首的 Android 操作系统覆盖了更多的用户。目前，很多软件开发公司以及开发者追求的最终目标不再是简单地实现功能，更多的是提供更好的用户体验，而性能问题在用户体验中扮演着重要角色。

本章将概括地阐述性能优化的意义以及一些常见性能问题，最后讲解有关 Android Studio 的配置优化。

## 1.1 为什么要做性能优化

本节首先讲述性能优化的目的以及出现性能瓶颈的常见现象，并给出优化 App 性能的一般步骤。通过本节的学习，读者可以认识到性能优化的重要性，及时识别在 App 运行中出现的问题，最后掌握性能优化的一般流程。

### 1.1.1 性能优化的目的

为什么要做性能优化呢？总的来说，就是要提供好的用户体验，而应用程序运行的性能表现是用户体验中的重要一环。

如前文描述的那样，Android 平台的市场占有率已经接近 80%。然而，性能问题就像是影子一样，一直困扰着用户。根据 2017 年发布的《智能手机卡顿报告》中的描述："数据显示，86.1%的用户手机存在卡顿现象，其中 Android 用户所面临的卡顿问题比 iOS 用户更严重。"

另一方面，当今应用市场竞争异常激烈，同类 App 层出不穷，许多 App 昙花一现般地出现，然后消亡。这其中一部分原因可能就是由于其自身糟糕的性能表现导致的，试想一下，如果用户想要完成一个同样的操作，一个 App 需要 10 秒，而同类 App 仅需要 3 秒，作为用户，会怎么选？此外，欠佳的性能还可能导致 ANR（Application Not Responding，指应用程序无响应）情况的出现。再加上一旦发生卡顿，就意味着接下来可能发生手机发热、电量快速消耗等关联问题，这些都很可能导致用户的流失。

因此，改善 App 性能不容忽视。

## 1.1.2 App 出现性能瓶颈的症状

在开始动手前，我们需要确定哪些问题属于性能问题的范畴。下面列举一些实际的问题。当然，性能出现瓶颈时的症状通常比下面所提及的现象更多样化一些。

### 1. App启动时间过长

例如，App 启动时出现卡顿，甚至发生白屏/黑屏。

### 2. 页面跳转耗时过长

例如，某个商城 App，从商品列表页面跳转到商品详情页面时，页面跳转有明显的滞后感。

### 3. 动画执行时发生掉帧卡顿现象

例如，使用 Fragment+ViewPager 的组合构成横滑界面，在滑动时出现动画停顿，或动画不跟手的现象。

### 4. App运行时设备过热

例如，运行 App，执行一些操作，设备就开始升温。当然，这里要排除一些正常的现象，如玩游戏等本身运算量就很大的情况。

### 5. App运行时耗电过多

例如，在电池使用图表中，某个 App 毫无理由地使用了过多的电量。

### 6. 随着使用时间的增长，程序运行速度越来越慢

例如，某个即时消息 App，随着聊天记录的日益增多，使用起来越来越慢，卡顿现象越来

越严重。

如果你的 App 出现上述症状中的某一个或者某几个，毫无疑问，你需要对它动手术了。

### 1.1.3　提升 App 性能的步骤

一般来讲，要完成优化 App 的运行性能，通常分为三个步骤，分别为静态代码审查、App 运行时检查以及 APK 打包优化。

聪明的读者可能已经发现，本书的结构正是按照这个步骤来组织的。

现在，我们先对这三个步骤进行初步介绍，在后续的章节中会逐个深入地讲解。

静态代码审查可以认为是一种"保险措施"，它通过提高代码质量规避错误的逻辑或内存泄漏等问题，达到提高 App 运行性能的目的。

App 运行时检查通常在 App 运行起来时进行，通过性能分析工具可以帮我们找到性能瓶颈，甚至在开发者或测试人员自己使用的过程中，也会发现某些肉眼可见的卡顿现象。由于这些问题基本都需要在运行 App 时才会被发现，因此笔者将其归为"App 运行时检查"类的问题。

APK 打包优化的目的在于代码保护和瘦身。具体说来，就是代码混淆和优化资源：一方面，通过代码混淆有效地保护代码不会被轻易地反编译并压缩；另一方面，通过清理无用的资源和优化用到的资源，使 APK 整体瘦身。通常，体积越小的 APK 比体积更大的 APK 受欢迎。

实操时，读者可选择某个或某些项目需要做对应的检查，也可按照本书建议的流程按步骤进行。图 1.1 描述了预防和解决 App 性能问题的一般步骤。

图 1.1　Android App 性能优化一般步骤

此外，本书特意增加了架构优选方面的内容，旨在为读者在开发前或重构前提供架构选择上的参考。

# 1.2 配置高效的开发环境

俗话说，"工欲善其事，必先利其器"，高效的开发环境可以提高开发者的工作效率，更能让开发者集中注意力在代码本身。

众所周知，使用 Android Studio 作为开发首选 IDE，不仅是 Google 建议的做法，更是绝大部分开发者的选择。通过本节的学习，读者将掌握如何配置，从而使 Android Studio 运行得更加流畅，使用起来更加方便。

需要提前说明的是，本书中所使用的 JDK（Java Development Kit）版本为 8.x，Android Studio 版本为3.5.x，其他版本的读者可适当参考。由于 Android Studio 本身跨平台的特性，因此对操作系统没有过多的要求，本书采用 macOS 10.15.x。

## 1.2.1 Android Studio 轻装上阵

### 1. 给Android Studio减负

相信很多读者在安装完 Android Studio 后就迫不及待地开始工作了。别急，默认情况下，Android Studio 将加载所有已安装的插件，但这些插件中有一些我们根本用不到。因此，建议各位读者关闭这些插件，给你的 Android Studio 减负。

启动 Android Studio，依次单击 Configure → Plugins，如图 1.2 所示。

观察如图1.3 所示的插件设置窗口，不难发现，总共有 36 个插件，并且已经全部开启。

图 1.2 Android Studio 启动界面

图 1.3　插件设置窗口

哪些插件是可以关闭的呢？请读者参考表 1.1。

表 1.1　可关闭的插件列表

| 插件名称 | 关闭原因 |
| --- | --- |
| Android Games | 若不涉及游戏开发，则可将其关闭 |
| Coverage | 若不进行代码覆盖率检测，则可将其关闭 |
| Firebase App Indexing | Firebase 框架相关，若无此方面的开发需求，则可将其关闭 |
| Firebase Services | |
| Firebase Testing | |
| Git Integration | 若无须 Git 版本控制或已经使用了其他的 Git 版本控制软件，则可将其关闭<br>注意：当该插件被关闭时，以 Git 为基础的插件也会随之关闭，如 GitHub |
| Github | 若无须使用 GitHub 平台，或已经使用了其他与 GitHub 平台协同工作的软件，则可将其关闭 |
| Google Cloud Tools Core | Google Cloud 相关插件，若无功能需求，则可将其关闭 |
| Google Cloud Tools For Android Studio | |
| Google Developers Samples | 若无须参考 Google 提供的示例工程，则可将其关闭 |
| Google Login | 若无须登录 Google 账户，则可将其关闭<br>注意：当该插件被关闭时，下一个插件也会随时关闭 |

（续表）

| 插件名称 | 关闭原因 |
|---|---|
| Google Services | 若无须在 App 中集成 Google 服务，则可将其关闭 |
| Mercurial Integration | 若不使用 Mercurial 版本控制系统，或使用了其他的 Mercurial 版本控制软件，则可将其关闭 |
| Subversion | 若不使用 Subversion 版本控制系统，或使用了其他的 Subversion 版本控制软件，则可将其关闭 |

表 1.1 中列举的 14 个插件均可以关闭，数量上占了默认情况下的一少半。关闭它们不会影响正常的 App 编译、运行等。当然，正如表 1.1 中描述的那样，在关闭指定的插件时，需要考虑具体的需求。比如，当我们需要与他人协同开发，并使用 Git 版本控制系统且没有其他的版本控制软件可供使用时，Git Integration 插件就不能关闭。

### 2. 让Use androidx.* artifacts选项可选

接下来，我们试试创建一个全新的工程。不难发现，在创建新的 Android 工程时，Use androidx.* artifacts 选项可能会被选中，而且无法取消勾选。

相信熟悉 Android App 开发的朋友都知道 Android X，这里就不再赘述了。出现强制要求使用 Android X 的原因是你很可能下载了 Android 10（Q）的 SDK。因此，破解之法也很简单，只要在 SDK Manager 中取消 Android 10（Q）的 SDK 即可恢复可选状态，如图 1.4 所示。

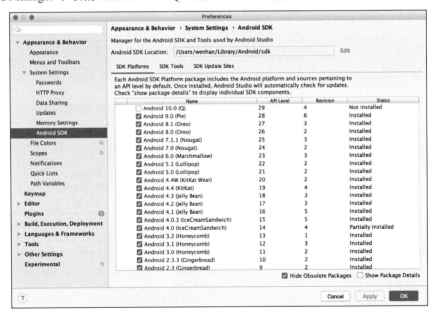

图 1.4　移除 Android 10 版本 SDK

此后再尝试创建新工程，Use androidx.* artifacts 选项将变为可选状态，也不会有任何 Android X 的库依赖。

## 1.2.2　Android Studio 内存优化

用过虚拟机的读者都知道，在配置虚拟机时，需要给定每个虚拟机的可用内存，这个内存提供给虚拟机使用。也就是说，虚拟机将使用这部分内存作为客户机的实际内存。如果这个值过大，就可能会影响宿主机的性能；如果这个值过小，就会影响虚拟机的性能。这对 Android Studio 而言是类似的，如果你的计算机配备了 8GB 甚至 16GB 的内存，就可以让 Android Studio 使用更多的内存以得到更好的性能表现。

我们先来看看默认情况下的配置情况，在 macOS 中，使用 Finder（访达）打开"应用程序"文件夹。找到 Android Studio，然后双指按下触控板或右击鼠标，在弹出的菜单中选择"显示包内容"，接着依次打开 Contents、bin 文件夹，找到 studio.vmoptions 文件，使用任意文本编辑器打开它。

类似地，在 Windows 操作系统中，打开 Android Studio 的安装目录，找到 studio.exe.vmoptions 和 studio64.exe.vmoptions。这两个配置文件分别对应 32 位和 64 位的运行环境。如果你的操作系统是 64 位，并且使用的是 64 位的 Android Studio，就需要对 studio64.exe.vmoptions 文件进行操作，图 1.5 展示了该文件的内容。

图 1.5　使用 Visual Studio Code 编辑 studio.vmoptions

上述参数配置中，有几个值需要我们进行修改，这里已配备了 8GB 内存的 MacBook 为例，配备了更多内存的读者请按比例自行计算配置值。

- Xms256m：该参数定义了Java虚拟机初始分配的堆内存大小，仅仅256MB显然太小了，建议将其修改为1024MB。
- Xmx1280m：该参数定义了Java虚拟机最大允许分配的堆内存大小，1280MB也不算大，建议将其修改为2048MB。
- XX:ReservedCodeCacheSize：该参数定义了预留代码的缓存大小，仅仅240MB依然太小了，建议将其修改为1024MB。

实际上，对于小型 Android 工程而言，默认的配置已经可以满足高性能的编译要求，无须进行更多配置。但是，对于大型 Android 工程而言，在编译过程中，可能会由于内存不足导致频繁 GC，最终会影响编译性能。

另外，对于以上参数值的配置，切勿盲目地走极端，不合适的参数值可能会导致 Android Studio 彻底无法启动。

### 1.2.3 加速 Android SDK 下载/更新

目前，使用 Android Studio 自带的 SDK Manager 已经可以正常下载和更新 SDK 了。如果读者遇到 SDK 无法正常下载和更新的情况，那么可尝试将用于下载和更新的 HTTPS 请求改为 HTTP，或许就可以正常下载和更新了。如图 1.6 所示，勾选矩形框中的复选框即可。

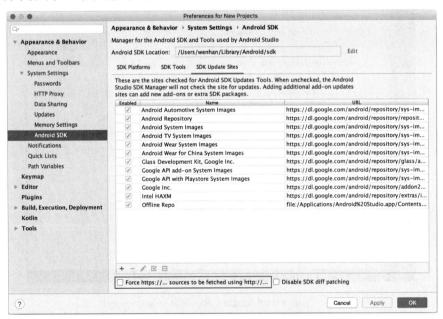

图 1.6　强制使用 HTTP 方式下载和更新

## 1.2.4　加速依赖库下载

在实际开发中，一个 Android 工程可能会引入多个依赖库，这些依赖库必须下载才能正常进行项目编译和运行。但由于依赖仓库连接偶尔不稳定，有可能导致依赖库无法获取。幸运的是，国内的一些机构提供了 maven 镜像站服务，便于开发者顺利地获取依赖库。笔者以阿里云提供的仓库服务为例进行实例讲解。

在/Users/[当前登录用户名]/.gradle 目录中创建 init.gradle 文件，输入以下内容并保存：

```
allprojects {
    buildscript.repositories {
        jcenter({ url "https://maven.aliyun.com/repository/jcenter" })
        maven ({ url "https://maven.aliyun.com/repository/google" })
    }
    repositories {
        jcenter({ url "https://maven.aliyun.com/repository/jcenter" })
        maven ({ url "https://maven.aliyun.com/repository/google" })
    }
}
```

再次 Sync 时，从后台任务窗口可以看到，获取库的位置已经改为阿里云镜像站，如图 1.7 所示。

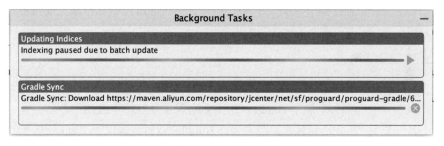

图 1.7　从阿里云镜像站获取依赖库

此外，如果读者不想使用阿里云提供的服务，就可以在工程根目录下的 build.gradle 文件中指明不采用 HTTPS 方式获取依赖库，这样做对于处理某些异常情况同样奏效，如图 1.8 所示。

```
My Application ✕

Configure project in Project Structure dialog.                          Open Project Structure
1    // Top-level build file where you can add configuration options common to all sub-pr
2
3    buildscript {
4        repositories {
5            google()
6            jcenter(){ url 'http://jcenter.bintray.com/'}
7
8        }
9        dependencies {
10           classpath 'com.android.tools.build:gradle:3.5.3'
11
12           // NOTE: Do not place your application dependencies here; they belong
13           // in the individual module build.gradle files
14       }
15   }
16
17   allprojects {
18       repositories {
19           google()
20           jcenter(){ url 'http://jcenter.bintray.com/'}
21
22       }
23   }
24
25   task clean(type: Delete) {
26       delete rootProject.buildDir
27   }
```

图 1.8    以 HTTP 方式获取依赖库

## 1.2.5    加速 Gradle 编译速度

SDK 和依赖库都搞定了，终于可以高枕无忧了吗？还没有。

我们都知道，Gradle 在整个 Android App 编译、打包等过程中都扮演重要角色，我们对它也需要进行优化，才能让它更高效地为我们服务。

### 1. 使用本地Gradle

通常情况下，对于默认新建的 Android 工程，Gradle 的地址都指向一个网络地址。大多数情况下可以下载，对于同样版本的 Gradle，也不会出现重复等待下载的问题。但是一旦网络不稳定，且需要下载时，就会遇到麻烦，经常会在 Building xxx gradle project info 处花很久的时间。要解决这个问题，我们要"帮"Android Studio 把对应版本的 gradle 下载到本地。

打开工程根目录下的 gradle-wrapper.properties 文件，distributionUrl 定义了 Gradle 的位置。同时，也暴露了所需 Gradle 的版本信息，如图 1.9 所示。

```
gradle-wrapper.properties ✕    app ✕    My Application ✕

1    #Fri Jan 24 09:41:54 CST 2020
2    distributionBase=GRADLE_USER_HOME
3    distributionPath=wrapper/dists
4    zipStoreBase=GRADLE_USER_HOME
5    zipStorePath=wrapper/dists
6    distributionUrl=https\://services.gradle.org/distributions/gradle-5.4.1-all.zip
```

图 1.9    Gradle 地址定义和版本信息

由图 1.9 可以看出，所需 Gradle 版本为 5.4.1。Gradle 的所有版本都可以在 Gradle 官网找到，如图 1.10 所示。

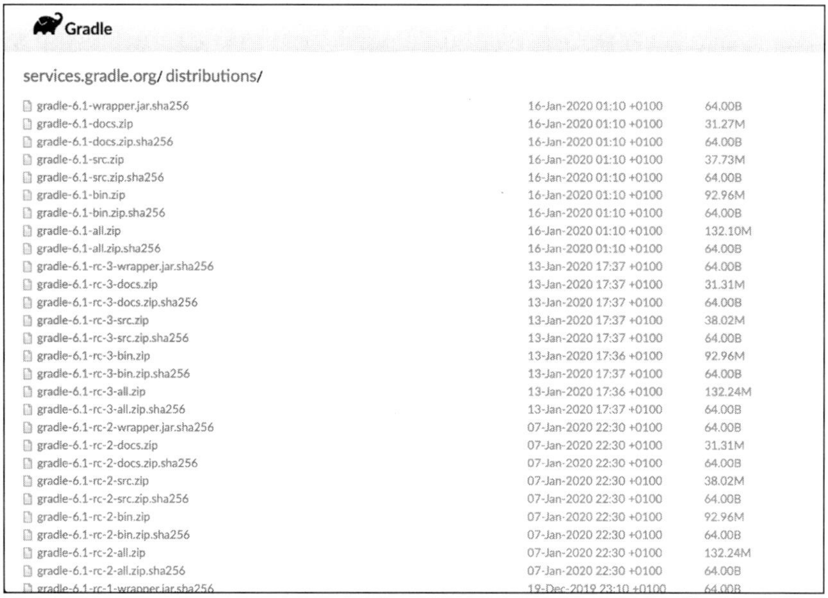

图 1.10　从官网下载 Gradle

找到工程所需的 gradle-5.4.1-all.zip，单击下载它。下载成功后，将其移动到/Users/当前登录的用户名/.gradle/wrapper/dists/gradle-5.4.1-all/xxxxxxxx/目录中，如图 1.11 所示。

图 1.11　由 Android Studio 自动配置

再次运行 Android Studio 时，会自动解压这个文件，完成 Gradle 的下载。

### 2. 优化Gradle编译参数

和 Android Studio 运行参数类似，Gradle 也配置了默认的编译参数。位于工程根目录下的 gradle.properties 保存了这些参数，我们可以使用工程中的文件作为模板，创建全局生效的 gradle.properties 文件，从而获得更高的构建速度。

我们也可以在/Users/当前登录的用户名/.gradle/目录下创建 gradle.properties 文件，该文件将影响所有工程。

如图 1.12 所示，默认情况下，某个工程的 gradle.properties 文件只包含 3 个有用参数。

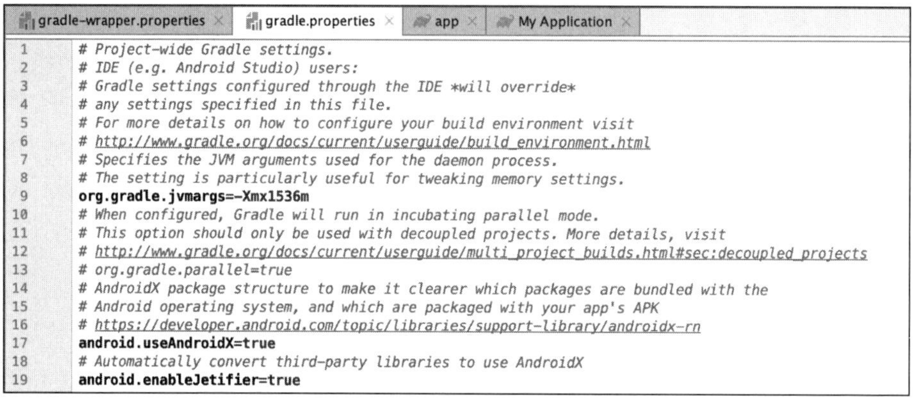

```
gradle-wrapper.properties ×    gradle.properties ×    app ×    My Application ×
1     # Project-wide Gradle settings.
2     # IDE (e.g. Android Studio) users:
3     # Gradle settings configured through the IDE *will override*
4     # any settings specified in this file.
5     # For more details on how to configure your build environment visit
6     # http://www.gradle.org/docs/current/userguide/build_environment.html
7     # Specifies the JVM arguments used for the daemon process.
8     # The setting is particularly useful for tweaking memory settings.
9     org.gradle.jvmargs=-Xmx1536m
10    # When configured, Gradle will run in incubating parallel mode.
11    # This option should only be used with decoupled projects. More details, visit
12    # http://www.gradle.org/docs/current/userguide/multi_project_builds.html#sec:decoupled_projects
13    # org.gradle.parallel=true
14    # AndroidX package structure to make it clearer which packages are bundled with the
15    # Android operating system, and which are packaged with your app's APK
16    # https://developer.android.com/topic/libraries/support-library/androidx-rn
17    android.useAndroidX=true
18    # Automatically convert third-party libraries to use AndroidX
19    android.enableJetifier=true
```

图 1.12　默认的 gradle.properties 配置

在这 3 个参数中，重点关注 org.gradle.jvmargs。它定义了 gradle 构建时的内存用量范围。和前文中所提及的 Android Studio 配置相似，这里仍以配备了 8GB 内存的 MacBook 为例，建议采用如下参数值：

```
org.gradle.jvmargs=-Xmx4096m -XX:MaxPermSize=2048m
```

这里给 Gradle 分配了最大允许的非堆内存（大小为 2GB）以及最大允许的堆内存（大小为 4GB）用于构建。对于配备了更多或更少内存的设备，需要按比例调整。

对于 Android Studio 的性能优化配置到此结束，但对其的整体优化还未完成，比如默认的配色主题、代码字体、工具栏位置、提升开发效率的插件等。限于本书的篇幅和侧重点，上述配置不再进行详细说明，感兴趣的读者可自行安装喜欢的插件。

# 第**2**章
------------------------
# 静态代码审查

本章介绍进行静态代码审查的方法，首先阐述静态代码审查的意义以及如何在 Android Studio 中集成这些工具，之后介绍不同审查工具的具体操作方法。读者在学习完本章后，可根据不同工具的侧重点并结合实际项目使用。希望各位读者能够借助这些工具让产品质量更上一层楼。

## 2.1　概述

本节将介绍静态代码审查的意义以及如何在 Android Studio 中集成它们。需要注意的是，这些工具并不是万能的，虽然它们能高效且全面地执行代码检查工作，但它们并不具备人类的"逻辑思维"优势。也就是说，静态代码审查工具是无法确保程序逻辑表达上的正确性的。除此之外，代码中的不安全（如某些条件下的死循环、空指针异常等）、代码的执行效率甚至编程风格、变量命名等都可以被静态代码审查工具检测出来。

### 2.1.1　静态代码审查的意义

静态代码审查可以说是整个软件开发过程中必不可少的环节，但目前仍有很多公司忽视它。实际上，这种代码审查比动态测试（指通过运行被测程序，检查其运行结果是否符合预期，并符合运行效率和健壮性等要求的测试）更有效率。根据项目自身情况的不同，静态代码审查可以找到 30%~70%的代码缺陷。

静态代码审查通常在编译和进行动态测试之前进行，这样做能在产品正式发布之前发现缺陷，大大降低维护成本，被检代码覆盖率高。同时，这种审查通常会花费较长的时间，并需要由对项目代码有足够了解的工程师处理。

## 2.1.2 安装静态代码审查工具

本小节将介绍几种静态代码审查工具，以及讲解如何安装它们，分别是 Android Lint、CheckStyle、Spotbugs 和 PMD。这 4 种工具都是被众多知名厂商广泛使用过的优秀工具，而且笔者在实际工作中也亲自使用过，并在一定程度上确保了 App 的最终质量。

### 1. Android Lint

为方便广大 Android App 开发者进行静态代码审查，Google 官方提供了一个工具——Android Lint，并且已经预先集成在 IDE 中了。国内的很多知名大厂（如美团）都在使用该工具。作为 Android App 开发者，使用该工具是必知必会的技能。

### 2. 安装CheckStyle

CheckStyle 是 SourceForge 下的一个项目，提供了一个帮助 Java 开发人员遵守某些代码规范的工具。它能够自动化代码规范检查过程，从而使得开发人员从这项重要但是枯燥的任务中解脱出来。默认情况下，CheckStyle 内置了 Google 和 Sun 公司的代码检查规范。网络上也流传了很多其他类型的检查规范，比较知名的如阿里巴巴公司的代码检查规范等，都可以获取到。另一方面，如果有需要，完全可以自定义一套代码规范，方便进行团队开发项目的代码检查。可以说，CheckStyle 的自由度是很高的。

安装 CheckStyle 的方法很简单，启动 Android Studio，打开插件设置窗口，切换到 Marketplace 选项卡，在搜索框中输入 checkstyle（不区分大小写），按回车键，就可以找到该插件，如图 2.1 所示。

第一个项目就是我们要找的结果。单击 Install 按钮，等待安装完成，重启 IDE，即可完成 CheckStyle 工具的安装。

如果上述安装方式总是失败，或想安装特定的版本，还可采用本地安装的方式。

打开 Jetbrains 插件库网站，找到 CheckStyle，下载指定的版本，如图 2.2 所示。

图 2.1　找到 CheckStyle 插件

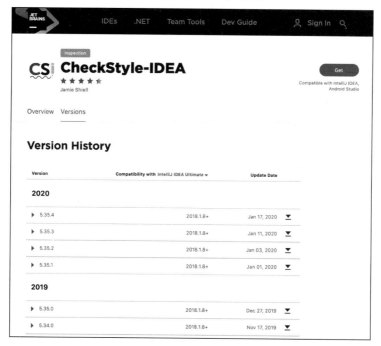

图 2.2　下载 CheckStyle 插件

下载得到的文件通常是一个 ZIP 压缩包，启动 Android Studio 的插件设置窗口，单击选项卡右侧的小齿轮，通过选择 Install Plugin from Disk…菜单项来安装该插件，如图 2.3 所示。

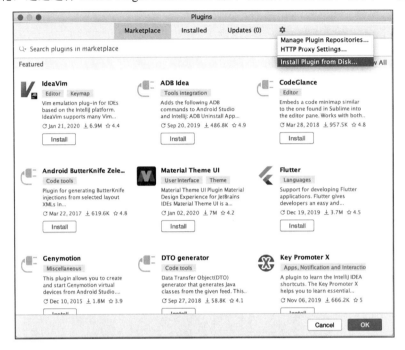

图 2.3　本地安装 CheckStyle 插件

在接下来弹出的窗口中，选择下载好的 ZIP 文件，确认后即可开始安装。

### 3. 安装SpotBugs

SpotBugs 的前身是大名鼎鼎的静态代码检查工具——FindBugs，FindBugs 是一款老牌的 Java 代码静态审查工具。在 2009 年，Google 举行了一场全球范围的 fixit 活动，当时就是使用 FindBugs 工具查找 Java 代码的问题。在那次活动中，总计得到了 4000 个高质量的问题报告，并由 Google 的工程师决定哪些需要修复。最终，工程师们提交了代码修改，使 1100 多个问题得到解决，并支持将 FindBugs 工具审查工作纳入 Google 的软件开发流程。

但是，FindBugs 自 2016 年后就不再维护了。而作为 FindBugs 的替代者——SpotBugs 支持 JDK（Java Development Kit）8 及以上的版本，由于本书采用的 JDK 版本是 8，因此将使用 SpotBugs 工具进行静态代码审查。

虽然使用 SpotBugs 是未来的趋势，但遗憾的是，SpotBugs 目前并没有适用于 Android Studio 的插件。它可以作为独立工具运行，也可以借助 Maven、Gradle 等构建工具使用。打开 SpotBugs 官网，即可轻松找到下载链接，如图 2.4 所示。

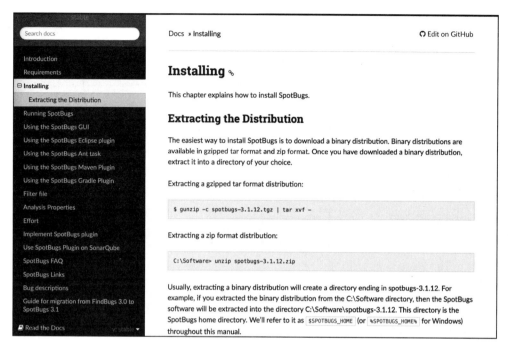

图 2.4　下载 SpotBugs 工具

　　官网提供了 GZip 和 ZIP 两种格式的压缩包，并提供了环境变量的配置方法。我们下载 ZIP 格式的压缩包，将其解压到/Users/当前登录的用户名/SpotBugs/，并如图 2.5 所示配置环境变量。

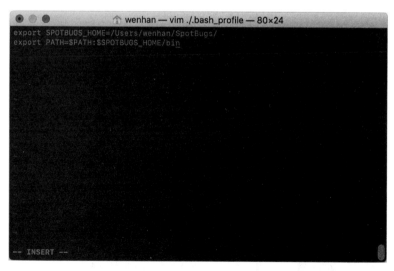

图 2.5　配置 SpotBugs 环境变量

使用 Windows 操作系统的读者请以相同的环境变量名设定。

需要特别注意的是，截至目前，SpotBugs 的最新稳定版的版本号是 3.1.12，4.x 版本仍处于 Beta 阶段。笔者建议大家使用稳定版，但是 3.1.12 版在 SpotBugs 网站上已经下载不到了（实际上是 maven 库中已经不存在这个版本了）。幸运的是，我们仍可以在国内镜像站点找到它，比如阿里云提供的仓库服务。

此外，如果你正在使用的 JDK 版本为 8 或者更低，并且还想使用 FindBugs 进行代码审查，下面的内容将会对你有帮助。

和安装 FireLine 类似，我们可以通过使用 Android Studio 中的 FindBugs 插件进行代码审查。启动 Android Studio，打开插件设置窗口，切换到 Marketplace 选项卡，在搜索框中输入 findbugs（不区分大小写），按回车键，就可以找到该插件，如图 2.6 所示。

图 2.6　安装 FindBugs 插件

注意，这里我们安装 FindBugs-IDEA 即可。

单击 Install 按钮，等待安装完成，重启 IDE，即可完成 FindBugs 工具的安装。

### 4. 安装PMD

和上述工具相比，PMD 静态代码审查工具显得更有意思。该工具是一款采用 BSD 协议发布的 Java 程序代码检查工具，其官方甚至没有说明其名称的含义，最接近的可能是 Programming Mistake Detector。此外，它是开源的，所支持的代码类型除了 Java 外，还有

XML，因此我们可以用它来检查 Android App 项目代码。

安装 PMD 的方法一样很简单，启动 Android Studio，打开插件设置窗口，切换到 Marketplace 选项卡，在搜索框中输入 pmd（不区分大小写），按回车键，就可以找到该插件，如图 2.7 所示。

图 2.7　安装 PMD 插件

单击 PMDPlugin 插件下面的 Install 按钮进行安装，并根据提示重新启动 IDE，即可完成安装。

除了安装 Android Studio 插件外，为了实现自定义 PMD 检查，还需要下载可独立运行的 PMD 工具。打开 PMD 在 GitHub 上的开源库站点，下载并保存最新版本的 release 版本即可，如图 2.8 所示。

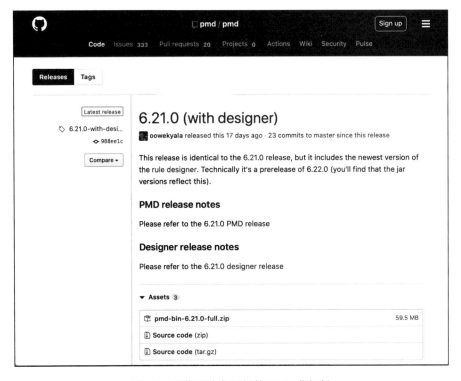

图 2.8  下载可独立运行的 PMD 发行版

下载成功后，我们将其解压到/Users/当前登录的用户名/PMD/，并如图 2.9 所示配置环境变量并设置别名。

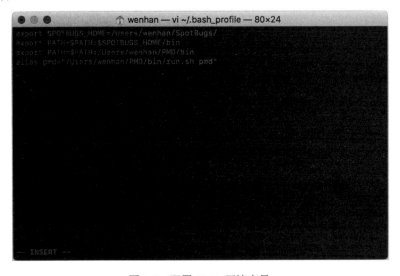

图 2.9  配置 PMD 环境变量

使用 Windows 操作系统的读者请以相同的环境变量名设定（无须设置别名）。

好了，所有笔者推荐的静态代码审查工具都已经安装妥当了。接下来，让我们逐个熟悉这几种工具吧。

# 2.2　使用 Android Lint 进行代码审查

Android Lint 已经默认集成在 IDE 中，通过运行 Lint 来检查代码，从而发现隐藏在代码中疑似的质量问题，随后再通过人工复查更正这些问题。

运行 Lint 无须执行 App，也无须编写额外的测试用例。它可以自动生成报告，还可以通过自定义的方式降低或提高检测问题的严重级别或添加忽略检查项。默认配置下，当我们执行编译操作时，Android Studio 会自动运行 Lint 检查。当然，我们也可以在需要时手动运行检查。

## 2.2.1　Android Lint 概述及基本概念

Android Lint 可以检查出 Android App 代码中的隐含问题，这些问题主要分为 6 类：正确性（Correctness）、安全性（Security）、性能（Performance）、易用性（Usability）、无障碍性（Accessbility）以及国际化（118n）。默认情况下，当使用 Android Studio 进行编译时，会自动运行 Lint 检查。图 2.10 展示了 Lint 的工作原理。

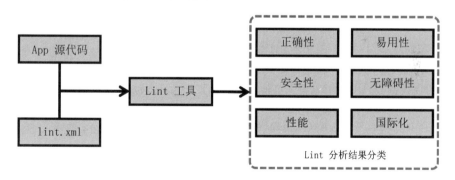

图 2.10　Lint 的工作原理

App 源代码指整个工程的源代码文件，除了 Java、Kotlin、XML 外，还包括应用图标素材文件以及用于代码混淆的 ProGuard 配置文件。lint.xml 文件是 Lint 检查的配置文件，当我们需要自定义检查规则时，通常会编辑这个文件。Lint 工具是一个静态代码审查工具，可以从命令行或 Android Studio 中启动它，这一步通常会在发布产品前进行。Lint 分析结果分类是 Lint 工具的检查结果，它覆盖了图 2.10 中展示的 6 类问题。

## 2.2.2 运行 Lint 检查

我们可以在任何时刻、不同环境下运行 Lint 检查。

启动 Android Studio，按照默认工程配置新建一个名为 My Application 的工程，然后打开 Android Studio 中的终端（Terminal），输入 gradlew lint，按回车键，即可开始运行。首次运行会耗费一些时间下载 JAR 包，结束后会以 HTML 和 XML 形式给出检查结果，如图 2.11 所示。

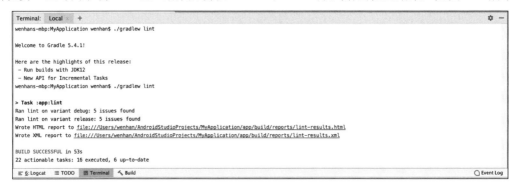

图 2.11　从命令行运行 Lint

用浏览器打开 HTML 格式的报告，可看到所有疑似问题，如图 2.12 所示。

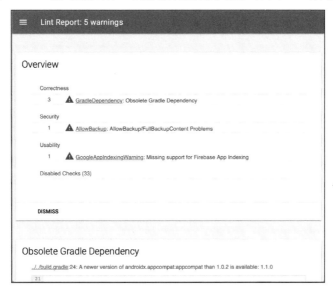

图 2.12　Lint 报告示例

此外，对于不同的编译版本，还可以进行特定的检查。在 My Application 工程中，打开

appModule 的 build.gradle 文件。可以看到，在默认情况下，只有一个 release 版本的编译配置，如图 2.13 所示。

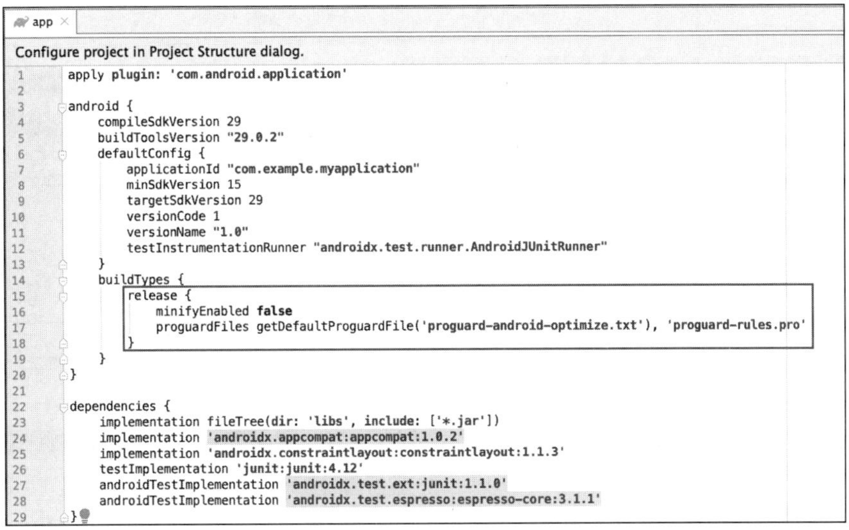

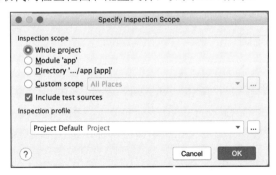

图 2.13　Lint 报告示例

实际上，还有一个 Debug 版本类型，这个类型是 Android Studio 自动配置的。如果我们想重新定义 Debug 版本的编译配置，就可以在 buildTypes 节点下显式定义 Debug 版本类型。当我们需要仅检查 Debug 版本时，可执行 gradlew lintDebug，其他版本同理。

随着程序逻辑日益复杂，代码量日益增多，我们还有可能需要只审查部分代码，或者采用不同的配置文件。这种情况下，使用集成在 Android Studio 中的 Lint 工具更加方便。

依次单击菜单栏中的分析（Analyze），在弹出的菜单中选择代码检查（Inspect Code...），在弹出的窗口中可以选取代码检查范围和配置文件，如图 2.14 所示。

图 2.14　在 Android Studio 中运行 Lint 检查

默认情况下，检查的项目和在命令行启动检查的项目大体一致。不同的是，在 Android

Studio 中，执行代码检查的结果需在 Inspect Results 视图中查看，如图 2.15 所示。

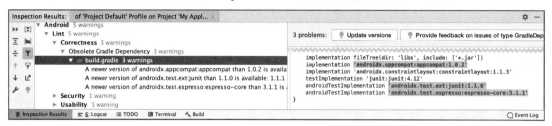

图 2.15　在 Android Studio 中查看 Lint 检查结果

由图 2.15 可见，其结果和命令行方式检查的结果是一致的，并且更加直观。在修改代码时也会更加方便，如图 2.16 所示。

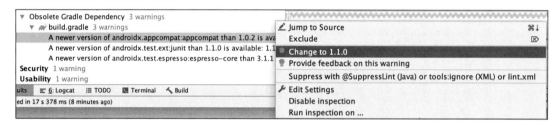

图 2.16　在 Inspect Results 视图中快速修改代码

由此可见，可视化的 Lint 检查更为简便。

### 2.2.3　自定义 Lint 检查范围

接下来，我们来探讨如何自定义 Lint 的检查范围。在 Android Studio 中，已经预设了多个检查范围供我们选择，为方便扩展和自定义检查需求，还开放了自定义 Lint 检查范围，主要通过广泛使用的 Scope 窗口实现。下面让我们逐一了解它们吧。

#### 1. 使用预置的检查范围

回顾图 2.14，在 Inspection scope 部分有 4 个单选框可供选择：Whole project 表示整个工程；Module 'App'表示只检查 App 模块；Directory'...\app[app]' 和当前被打开的文件有关，表示只检查当前被打开的文件；而 Custom scope 表示自定义范围，我们重点关注它。

选中 Custom scope，展开旁边的下拉菜单，可以看到预置的检查范围，如图 2.17 所示。

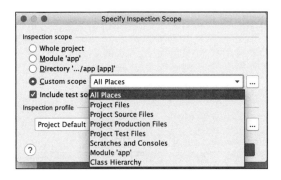

图 2.17　预置的检查范围

从图 2.17 中可以看到，有多个菜单项可供选择，我们先了解一下它们都代表什么含义。

- Project Files：当前工程的所有文件。
- Project Source Files：当前工程的所有源代码文件。
- Project Production Files：当前工程中的所有生产文件。
- Project Test Files：当前工程中的所有测试文件。
- Scratches and Consoles：提供了两种临时的文件编辑环境，通常用来存放文本或代码片，该选项在实际开发中很少用到。
- Module 'app'：仅app模块的文件。
- Class Hierarchy：当我们选取这个菜单项并单击OK按钮时，会弹出新的窗口，窗口里显示当前工程中的所有类。我们可以使用窗口里的搜索功能过滤要检查的类。在未过滤的情形下，Lint会检查所有类。以Activity作为过滤文本筛选出类，由于新建的工程仅包含一个Activity类，因此筛选结果如图2.18所示。

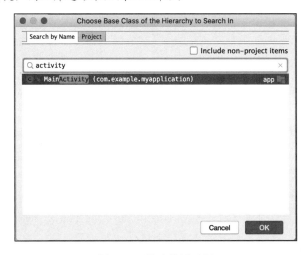

图 2.18　筛选结果示例

### 2. 创建自定义检查范围

当预设的检查范围无法满足我们的自定义需求时，可以进一步对代码检查范围进行自定义。

单击图 2.17 中下拉菜单右侧的三个点按钮，弹出 Scope 窗口（见图 2.19），我们在这里配置自定义检查范围。

注意：这里的 Scope 配置也可用于其他功能，比如搜索。

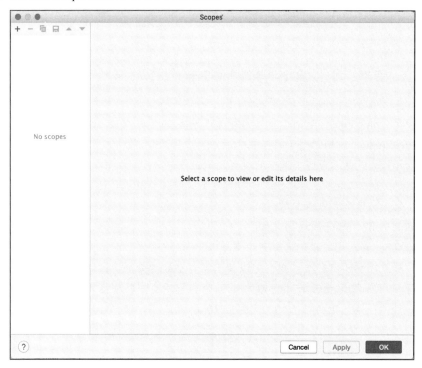

图 2.19　Scope　窗口

默认情况下，Scope 配置为空。单击界面左上角的"+"，然后选择 Local 来添加新范围。

Local 和 Share 的共同点是给定代码检查范围，区别是 Share 还可用于具有范围字段的其他项目。也就是说，Local 类型的 Scope 配置是个人使用的，保存在个人的 workspace 中，默认保存在/config/projects/<project_name>/.idea/workspace.xml 中；Share 类型的 Scope 配置是整个工程的，可以通过版本控制系统被团队成员共享，它的默认路径在/config/projects/<project_name>/.idea/scopes/中。

此处我们以 Local 类型的 Scope 为例进行介绍，名称为 UIView，即仅检查和 UI 视图相关的类。

仔细观察图 2.20 中的内容，Pattern 的含义是正则表达式，如果读者对正则表达式比较熟悉，那么完全可以直接填写合法的正则表达式，达到定义范围的目的。

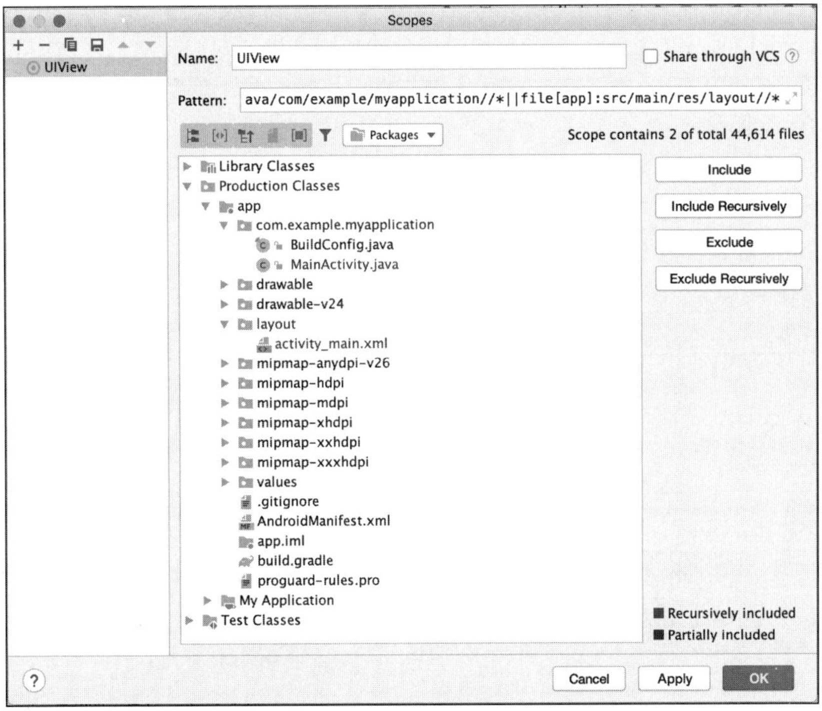

图 2.20　名称为 UIView 的 Scope 配置

或者使用窗口右侧的 4 个按钮来控制检查范围，分别说明如下：

- Include：包含此文件夹及其文件，不包含子文件夹中的内容。
- Include Recursively：包含此文件夹及其文件，递归包含所有子文件夹及其文件。
- Exclude：排除此文件夹及其文件，不递归排除所有子文件夹及其文件。
- Exclude Recursively：排除此文件夹及其所有文件，递归排除所有子文件夹及其文件。

通过对照可轻松地发现，图 2.20 中，我们选择了 MainActivity.java 和 activity_main.xml 两个文件。最后，单击 OK 按钮确认。

## 2.2.4　自定义 Lint 检查类型

2.2.3 小节中，我们主要针对 Lint 的检查范围做了详细的说明，本小节主要介绍 Lint 的检查类型。这里介绍 3 种自定义 Lint 检查类型的方法，分别对应不同的需求。读者可根据实际项目的需要结合使用。

### 1. 使用和自定义Lint配置文件

在 Android Lint 中内置了多种静态代码检查的配置文件。我们可以直接使用它们，也可以更改它们的名称、说明、范围甚至是严重级别，也可以随时启用或禁用某个配置文件，达到跳过某种检查的目的。

我们先来看默认情况下会进行哪些类型的检查。

打开图 2.14 所示的窗口，选择 Inspection Profile 部分中的三个点按钮，出现 Inspections 窗口，如图 2.21 所示。

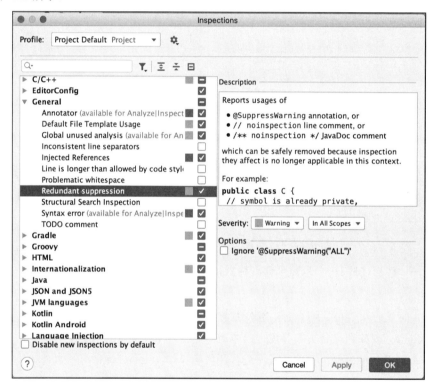

图 2.21 Inspections 窗口

检查的项目、说明以及启用状态等信息一目了然地罗列在这个窗口中。我们除了可以通过复选框启用/禁用某个检查外，还需关注一个地方，就是位于左上角的 Profile 下拉菜单。

展开 Profile 下拉菜单，默认情况下，预置了 Default 和 Project Default 两个配置。显而易见，前者是对整个 Android Studio 而言的，将影响所有的工程；后者是对单个工程而言的。在未做任何自定义配置的前提下，这二者是相同的。

同时，我们还可以单击下拉菜单右侧的小齿轮，添加更多自定义的菜单项。由 Default 复制而来的配置依旧影响所有工程，由 Project Default 复制而来的配置则仅对当前工程有效。当然，我们还可以对其进行重命名、删除、导入以及导出等操作。

## 2. 配置lint.xml文件

通过前面的学习，我们已经可以实现特定范围、特定检查种类的自定义了。看上去似乎已经满足了静态代码检查的需要，事实上也确实如此。那为什么这里还要介绍 lint.xml 文件呢？

想象这样一种情况，假设我们的工程有多个 XML 布局文件，要求某个或某几个布局文件需要单独定义检查类型。根据现有的知识，我们需要定义不止一个 Scope，然后定义不止一个 Profile，最后挨个启动检查。是不是很烦琐？有没有办法简化呢？答案是肯定的——借助 lint.xml 定义规则，即可完成快捷方便的检查。

lint.xml位于整个工程根目录下，默认不会自动创建，需要我们手动添加这个文件，格式遵循标准的 XML，一个规则定义的范例如下：

```xml
<?xml version="1.0" encoding="UTF-8"?>
    <lint>
        <issue id="IconMissingDensityFolder" severity="ignore" />
        <issue id="ObsoleteLayoutParam">
            <ignore path="res/layout/activation.xml" />
            <ignore path="res/layout-xlarge/activation.xml" />
        </issue>
        <issue id="UselessLeaf">
            <ignore path="res/layout/main.xml" />
        </issue>
        <issue id="HardcodedText" severity="error" />
    </lint>
```

可见，lint.xml 文件由封闭的<lint>标记包裹，其中包含多个<issue>子元素，每个<issue>子元素定义了唯一 id。

想要理解如何定义issue子元素并不难，如以上代码片段所示，其中包含4个issue子元素，分别是忽略了所有 IconMissingDensityFolder 类型的检查，对不同 XML 文件进行不同问题类型的忽略，不包含任何自组件的 View，以及设置了 HardcodedText 问题类型级别为 error。当 Lint 检查被执行时，以上配置将生效。完整的问题 id 列表以及对应的描述可以通过执行 lint –list 查看，该文件位于[Android Sdk 目录]\tools\bin\。

## 3. 在源代码文件中添加忽略项

除了上述在 lint.xml 中定义检查规则外，我们还可以直接在源代码文件中添加指定的忽略规则，支持 Java、Kotlin 和 XML 三种类型的源代码。接下来，我们对上述 3 类代码分别进行讲解。

（1）Java/Kotlin

首先来看 Java/Kotlin，当我们需要对类中某个方法进行忽略规则的定义时，在方法声明前添加注解即可，参考下面的代码片段：

Java 语言：

```
@SuppressLint("NewApi")
@Override
public void onCreate(Bundle savedInstanceState) {
    super.onCreate(savedInstanceState);
    setContentView(R.layout.main);

}
```

Kotlin 语言：

```
@SuppressLint("NewApi")
override fun onCreate(savedInstanceState: Bundle?) {
    super.onCreate(savedInstanceState)
    setContentView(R.layout.main)

}
```

当我们需要对整个类进行忽略规则的定义时，在类声明前添加注解即可，参考如下代码片段：

Java 语言：

```
@SuppressLint("ParserError")
public class FeedProvider extends ContentProvider {

}
```

Kotlin 语言：

```
@SuppressLint("ParserError")
class FeedProvider : ContentProvider() {

}
```

特别地，当我们需要排除整个类的所有类型的检查时，可按照如下方式添加注解：

```
@SuppressLint("all")
```

（2）XML

在对 XML 文件添加排除项前，需要先添加如下定义命名空间，以便 Lint 工具识别添加的属性：

```
namespace xmlns:tools="http://schemas.android.com/tools"
```

当我们需要添加排除项时，只需在对应的布局节点处使用 tools:ignore 属性即可，参考下面的代码片段：

```
<LinearLayout
    xmlns:android="http://schemas.android.com/apk/res/android"
    xmlns:tools="http://schemas.android.com/tools"
    tools:ignore="UnusedResources, StringFormatInvalid" >

    <TextView
        android:text="@string/auto_update_prompt" />
</LinearLayout>
```

上述代码中，我们为 LinearLayout 添加了排除项 UnusedResources 和 StringFormatInvalid。其中的子元素 TextView 会受其父元素的影响，也将排除相对应类型的检查。

和 Java/Kotlin 类似，要排除所有的检查项，使用 all 关键字即可。

### 4. 在整个Module中添加忽略项

某些情况下，整个工程可能包含多于一个 Module，统一的检查规则可能不适用于所有 Module。因此，我们需要一种方法对单个 Module 进行规则定义，秘诀就在于每个 Module 的 build.gradle 文件。

要定义某个 Module 的检查规则是很容易的，只需在 android 节点下添加 lintOptions 代码块即可。我们将下面的代码片段加入之前新创建的 My Application 工程的 app 模块对应的 build.gradle 文件内：

```
android{
    lintOptions {
        disable 'GradleDependency'
    }
}
```

由于 build.gradle 文件发生了更改，因此需要 Sync 才能使这些更改生效。

再次运行 Lint 检查，得到如图 2.22 所示的结果。

图 2.22　添加忽略规则的检查结果

与图 2.15 对比发现，有关旧版本库的 warning 已经消失不见了，这正是排除了 GradleDependency 规则的结果——不对仍然使用旧版本库进行警告。

# 2.3　使用 CheckStyle 进行代码审查

和 Android Lint 相比，CheckStyle 同样是一种静态代码检查工具的。内置的检查规则种类超过百种，主要侧重点在代码风格、编程规范等，支持强大、灵活的自定义规则检查。

## 2.3.1　运行 CheckStyle

本小节中，我们介绍运行 CheckStyle 的两种方式：在 Android Studio 中使用插件以及作为独立的命令行工具运行。

下面我们逐个进行讲解。

### 1. 在Android Studio中运行检查

在 2.1.2 小节中，我们已经成功地安装了 CheckStyle 插件。在 Android Studio 工作区的左下角可以找到 CheckStyle 视图，一般在这个视图中运行检查，如图 2.23 所示。

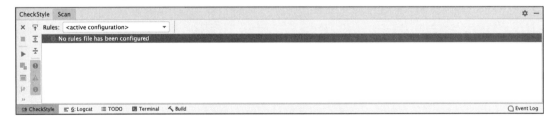

图 2.23　CheckStyle 视图

初始环境中，插件包含 Google 和 Sun 的代码检查规则，可以通过 Rules（规则）下拉菜单选择某个规则，然后单击左侧的开始按钮启动检查。图 2.24 是检查结果的示例。

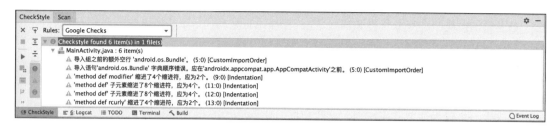

图 2.24　使用 Google 代码规则检查结果

　　通过插件的方式进行检查，方法简单，但需要启动 Android Studio 才能运行，而且想要执行检查，还要保证工程 Build 结束才可以。若要抛开这些限制，并使用更丰富的选项执行检查，则不得不使用命令行模式。

　　下面我们就来介绍如何通过命令行启动检查。

### 2．在命令行启动检查

　　（1）下载 CheckStyle 可执行 JAR 文件

　　若要使用命令行模式启动检查，则首先要具备 CheckStyle 的可执行 JAR 文件。这个文件可以到 CheckStyle 的 GitHub 开源库下载，也可以到 Maven 仓库中下载。如图 2.25 所示，我们选择在 GitHub 下载。

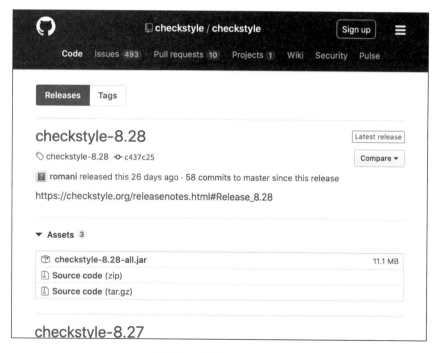

图 2.25　下载 CheckStyle

截至目前，最新的版本号是 8.28。单击 checkstyle-8.28-all.jar 开始下载。

（2）运行 CheckStyle

作为独立运行的 CheckStyle 提供了很多选项，这些选项的说明可以在官网找到详细解释，这里选择几个常用的选项进行讲解。

先来看一个较为简单的用法，假设我们依旧使用 Google 的代码规则，并已经取得了相应的 XML 规则描述文档，其名称为 google_checks.xml。该文档和 checkstyle-8.28-all.jar 位于 My Application 工程的 checkstyle 目录中，如图 2.26 所示。

图 2.26　CheckStyle 目录结构

接下来，打开 macOS 的终端（在 Windows 操作系统中为命令提示符），定位到 checkstyle 目录下，执行下面的命令：

```
java -jar checkstyle-8.29-all.jar -c google_checks.xml ../app/src/main/java
```

得到如图 2.27 所示的输出。

图 2.27　CheckStyle 命令行模式检查结果

显而易见，总共有 6 个警告级别的问题，和在 Android Studio 中的结果一致。

（3）CheckStyle 命令详解

下面来拆解前面所执行的命令。

如图 2.28 所示，整条命令可分解成三部分。第一部分是运行.jar 文件的通用方法，相信有 Java 编程基础的读者并不陌生；第二部分是 CheckStyle 工具的参数，-c 即 configurationFile，表示使用哪种代码规范检查（特别注意的是，该参数为唯一的必选参数。当未指定配置文件时运行，将会收到报错提示）；最后一部分是要检查的代码路径，"../"表示向上一层，此处的含义是回到工程根目录，在实际使用中，这部分可以是一个目录，也可以是特定的某个文件。

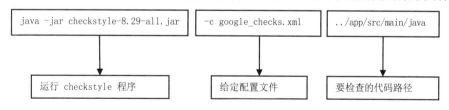

图 2.28　CheckStyle 命令拆解图示

如果用户有其他的配置文件，那么不妨尝试使用此种方式运行检查。无须启动 Android Studio，更无须完成 Build，只需要执行上述 CheckStyle 命令即可。

（4）CheckStyle 常用命令

看到这里，你可能会有这些疑问：如何将检查的结果保留下来呢？如果想排除某个目录/文件，该怎么做呢？命令行不如 UI 界面直观，如果忘记了用法，该怎样获得帮助呢？

带着这 3 个疑问，我们来了解 CheckStyle 常用的 3 个参数。

首先解答第一个问题：如何保留检查结果。

CheckStyle 使用-o 参数来指定文件的路径，这个文件即结果的输出文件。它的使用方法如下：

```
java -jar checkstyle-8.29-all.jar -c google_checks.xml -o
result.txt ../app/src/main/java
```

执行该命令后，控制台没有任何输出。在任务完成后，我们可以在同级目录下找到 result.txt 文件。使用任意文本编辑器打开它，其内容如图 2.29 所示。

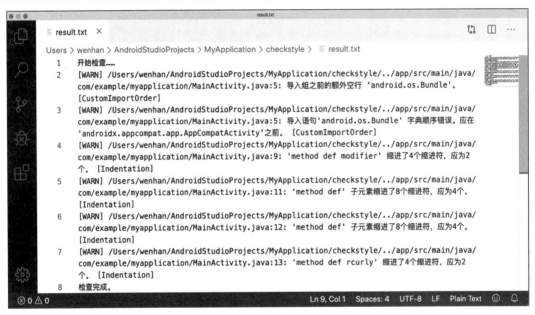

图 2.29　CheckStyle 检查结果

此外，我们还可以使用-f 参数来指定结果输出的格式。CheckStyle 提供了两种格式：一种是上面默认的纯文本格式；另一种是 XML 格式，必要时可以使用后者。

接下来回答第二个问题：如何排除某个文件或目录。添加例外的情况通常用于多 Module 的场景中，观察如图 2.30 所示的工程结构。

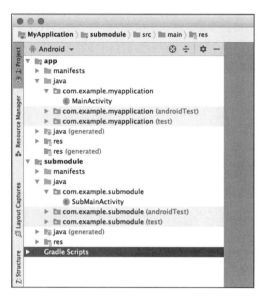

图 2.30　多于一个 Module 的工程结构

图 2.30 中共有两个 Module，即 app 和 submodule，且各自都有 Java 源码，现在要做的是排除所有无须做检查的源码。这里所说的无须做检查，包含除 MainActivity.java、SubMainActivity.java 以及 XML 以外的所有文件。

当然，针对本例，可以指定仅检查这两个文件而非使用排除法，且这样做更加方便。此处使用排除法仅为说明如何正确排除文件。通常在实际开发中，使用排除法更为常见。

要找到所有无关的文件，先要清楚整个工程的文件组织结构。

如图 2.31 所示，需要排除的文件是除了用方框框起来的两个 Java 源代码文件以及若干 XML 源代码文件外的所有文件。这看上去似乎很烦琐，但好消息是：由于我们要使用的 Google 检查规则只对 Java、Properties 和 XML 源代码文件有效，因此只需要排除两个 Module 中的 test 相关类即可。

CheckStyle 使用-e 或-x 参数添加例外，前者要求给定一个或多个具体清晰的路径，后者要求给定一个或多个描述路径的正则表达式，当有文件或目录匹配到给定的正则表达式时，相应的文件或目录将被跳过。

思路比较简单，但是写起来比较麻烦，就是使用多个-e 参数将两个 Module 中的 androidTest 和 test 目录排除在外，即：

```
java -jar checkstyle-8.29-all.jar -c google_checks.xml
-e ../submodule/src/androidTest/ -e ../submodule/src/test/
-e ../app/src/androidTest/ -e ../app/src/test/
```

如果你对正则表达式比较熟悉，还可以使用-x 参数，配合正则表达式让计算机程序帮助找到符合条件的项目，并将其排除在外。

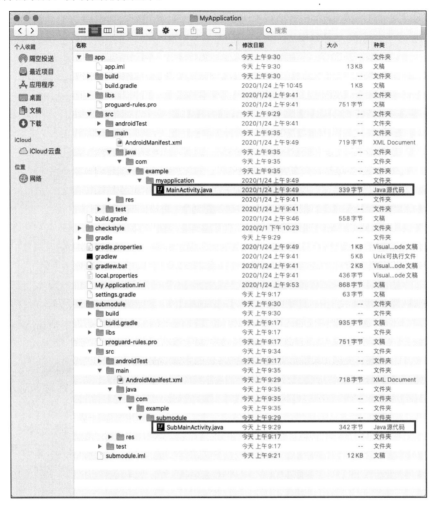

图 2.31　多于一个 Module 的目录结构

本例中，只要排除名为 androidTest 和 test 的目录即可，因此，可以使用下面的命令：

```
java -jar checkstyle-8.29-all.jar -c google_checks.xml -x androidTest\|test
```

此外，-e 和-x 参数还可以同时使用。如果只想检查 submodule 模块的有用代码，可以执行下面的命令：

```
java -jar checkstyle-8.29-all.jar -c google_checks.xml -x androidTest\|test
-e ../app/
```

最后，如果忘记了命令行的使用方法，该怎样快速获得帮助呢？

这里给大家提供两种方法，分别说明如下：

第一种方法是使用--help，即 java -jar checkstyle-8.29-all.jar –help，如图 2.32 所示。

图 2.32　CheckStyle 本地帮助文档

第二种方法是到 CheckStyle 官网查询相应的文档获得帮助，如图 2.33 所示。

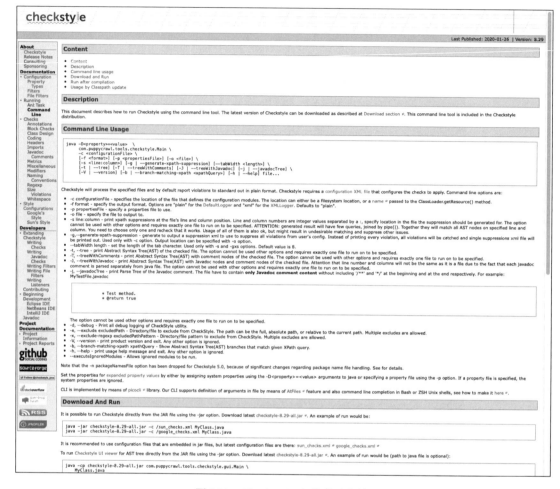

图 2.33　CheckStyle 在线帮助文档

　　这两种方法相比，第一种更快速，第二种有使用示例，更详细。读者日后可根据实际需要进行选择。

## 2.3.2　自定义 CheckStyle 检查规则

　　接下来，我们来介绍如何自定义 CheckStyle 配置文件，从而打造属于自己或团队的代码检查规范。

### 1. Module（模块）

　　我们都知道，CheckStyle 的配置文件是 XML 格式的文档。通过阅读 Sun 和 Google 的代码检查规范可以发现：整个 XML 文档呈树形结构，其根是一个名为 Checker 的 Module，该

Module 又包含若干子 Module。这些子 Module 包含 4 种分类：

（1）FileSetChecks：定义了具体的检查规则，用于检查相应的源代码文件。

（2）Filters：用于过滤检查规则。

（3）File Filters：用于过滤要检查的文件。

（4）AuditListeners：报告已接收的事件。

细心的读者会发现，大部分检查规则都被一个叫作 TreeWalker 的 Module 包括。根据上文所述的分类，这个名为 TreeWalker 的 Module 属于 FileSetCheck Module。它的原理就是将每个待检查的 Java 源代码文件转换为抽象语法树（与具体语法树/分析树相对，抽象语法树可简称为语法树（Abstract Syntax Tree，AST）。它是源代码语法结构的一种抽象表示。它以树状的形式表现编程语言的语法结构，树上的每个节点都表示源代码中的一种结构。之所以说语法是"抽象"的，是因为这里的语法并不会表示出真实语法中出现的每个细节。更多详情读者可参阅编译原理中的相关知识点），然后由其中的子 Module 按照各自定义的规则进行逐项检查，直到全部完成。

### 2. Properties（属性）

Checker 定义了一些通用的属性，这些属性被其他的 Module 继承和使用。这些属性的定义如下：

- basedir：基本目录名，在有关文件的描述信息中将被去掉，默认值为空。
- cacheFile：缓存所有检查完毕的文件，通常用于避免重复检查，默认值为空。
- localeContry：描述信息所使用的区域编码，其默认值取决于Java虚拟机。
- localeLanguage：描述信息所使用的语言编码，其默认值取决于Java虚拟机。
- charset：字符集名称，默认值取决于名为file.encoding的系统属性值。
- fileExtensions：接受检查的文件扩展名，默认检查所有文件。
- sverity：定义所有违反代码编写规则的严重级别，默认为error。
- haltOnException：在检查过程中，如果发生异常，是否停止检查。默认为true。
- tabWidth：定义了一个制表符包含的空格数量，其默认值为8。

现在，打开 Google 和 Sun 的代码规则配置文件，找到相关属性，看看它们是如何定义的。

### 3. Metadata（元数据）

CheckStyle 允许使用 Metadata 来保存特定的信息，这些信息可以用来保存插件特定信息或其他的有用信息，这些信息在执行代码检查时会被忽略。需要注意的是，为了避免和其他工具或插件发生命名冲突，建议将所有 Metadata 名称加上特定的前缀。

参考下面的例子：

```
<module name="Checker">
    <metadata name="com.example.myapplication.cs_version" value="1.0"/>
    <metadata name="com.example.myapplication.cs_version_describtion"
value="Create by test team, 2019.12"/>
    ...
</module>
```

### 4. TreeWalker规则定义

如前文所述，TreeWalker 及其子 Module 定义了详细明确的代码检查规则。如果想要对某一个规则项进行检查，那么只需要添加相应的子 Module 即可。而且子 Module 的规则是可以被定制的。

举个例子，对于工程 My Application，以 Google 的代码检查规范运行检查，其结果总共有 6 个 warning 级别的问题输出。现在，我们把目光聚集在 CustomImportOrder 规则，由该规则检查出的问题总共有两个，如图 2.34 所示。

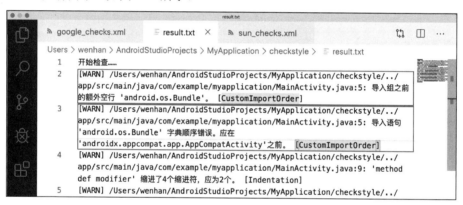

图 2.34　违反 CustomImportOrder 规则的代码位置

打开 google_checks.xml，搜索 CustomImportOrder，找到如下代码片段：

```
<module name="TreeWalker">
    ...
        <module name="CustomImportOrder">
                <property name="sortImportsInGroupAlphabetically"
value="true"/>
                <property name="separateLineBetweenGroups" value="true"/>
                <property name="customImportOrderRules"
value="STATIC###THIRD_PARTY_PACKAGE"/>
                <property name="tokens" value="IMPORT, STATIC_IMPORT,
PACKAGE_DEF"/>
        </module>
```

```
    ...
</module>
```

　　尝试注释掉 CustomImportOrder 部分代码，然后再次运行检查，发现问题数量变为 4，不再有违反 CustomImportOrder 规则的报告。

　　这很好理解，对于某个规则，如果要添加相应的检查，就需要声明它，声明的方式只需添加相应 Module 即可；未被添加的 Module 将默认不会被检查。那么，在哪里可以找到所有的检查类别呢？我们在 CheckStyle 官网中找到了答案。

　　如图 2.35 所示，CheckStyle 网站上罗列了所有的检查规则，每项规则还有详尽的描述。读者在使用时可根据实际需要，按关键字进行模糊查找，再通过描述来确定是否使用某项规则。

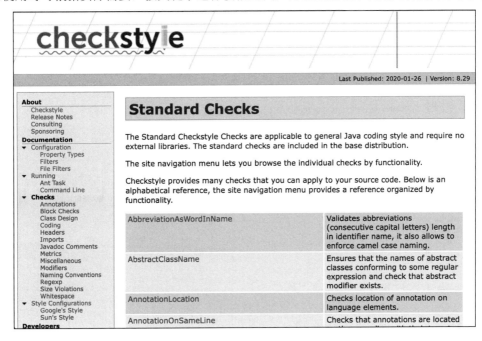

图 2.35　CheckStyle 规则文档

　　此外，在 CheckStyle 的 GitHub 开源库中，checkstyle_check.xml 文件中包含所有的检查规则，我们也可以将其作为参考。

　　现在，让我们继续针对上文中的 CustomImportOrder 规则做实验。很明显，在规则配置文档的 CustomImportOrderModule 中还有若干 Property。我们尝试去掉所有的 Property，然后再次运行检查，发现之前的 6 个问题变成了 5 个，减少了一个违反 CustomImportOrder 规则的项目。这是为什么呢？

　　实际上，对于每个 Module，当我们添加它时，实际上也同时添加了它的默认属性。

　　就拿 CustomImportOrder 来说，它的默认规则如图 2.36 所示。

**Properties**

| name | description | type | default value | since |
| --- | --- | --- | --- | --- |
| customImportOrderRules | Specify list of order declaration customizing by user. | String | {} | 5.8 |
| standardPackageRegExp | Specify RegExp for STANDARD_JAVA_PACKAGE group imports. | Regular Expression | "^(java\|javax)\." | 5.8 |
| thirdPartyPackageRegExp | Specify RegExp for THIRD_PARTY_PACKAGE group imports. | Regular Expression | ".*" | 5.8 |
| specialImportsRegExp | Specify RegExp for SPECIAL_IMPORTS group imports. | Regular Expression | "^$" (empty) | 5.8 |
| separateLineBetweenGroups | Force empty line separator between import groups. | Boolean | true | 5.8 |
| sortImportsInGroupAlphabetically | Force grouping alphabetically, in ASCII sort order. | Boolean | false | 5.8 |

图 2.36　CustomImportOrder 规则属性及默认值

由于这些属性有类似 Java 中的 Override 特性，因此通过对比 google_checks.xml 中的自定义项，我们发现名为 sortImportsInGroupAlphabetically 属性的值是 true，而非默认的 false。正是这个原因，让我们从一开始就检查出了 6 个问题项。

好了，总结一下，对于 TreeWalker 规则定义：

（1）要增加某种规则检查，需要声明对应的 Module，声明的方式即添加子 Module 项。

（2）利用 Property 可覆盖默认值的特性，我们可以自定义属于自己或团队的统一编码规则检查配置文件。

（3）所有的检查规则可以在 CheckStyle 网站或 GitHub 开源库的 checkstyle_check.xml 中找到详细描述。

### 5. Severity（严重性）

我们已经使用 Google 的代码规则对 My Application 项目做过一次代码检查了，其结果共有 6 个 warning 项。在 CheckStyle 中，还可以对某类检查结果自定义严重性级别。

打开 google_checks.xml 文档，在 22 行左右发现了如下代码：

```
<property name="severity" value="warning"/>
```

CheckStyle 使用 severity 属性定义和它相关 Module 的严重级别，在该 Module 中的所有子 Module 若未单独声明该属性，则默认继承父 Module 的严重级别定义。默认情况下，严重级别为 error。

在 google_checks.xml 中，其对应的 Module 为 Checker，因此所有子 Module 报告的问题严重级别皆为 warning。若去掉严重性定义，则原来的 6 个 warning 项将变为 error，命令行也会有汇总提示，如图 2.37 所示。

图 2.37　默认严重级别下的结果输出

### 6. ID（唯一标识符）

打开 google_checks.xml，搜索 SeparatorWrap。我们惊讶地发现，居然有 4 个相同的 Module，唯一不同的是其中的 Property。这是怎么回事呢？

出现同种 Module 其实在 CheckStyle 中是允许的。这种情况适用于不同的情境下进行检查。而决定要用哪一个 Module，是由其中名为 id 的 Property 决定的。因此，Module 可以同名，但 id 必须唯一。这样做，一方面保证了代码检查的灵活性，另一方面解决了多个相同 Module 之间的冲突。

在 google_checks.xml 文档中，总共有 5 个 SeparatorWrap Module，其 id 均不同。在不同的环境中，将启用各自 id 的 Module。

## 2.4　使用 SpotBugs 进行代码审查

SpotBugs 是 FindBugs 的继承者，是一款出色的开源 Java 代码静态检查工具。该工具需要 JDK 版本为 1.8 以上，可分析任何版本的 Java 代码，可以检查的代码问题种类超过 400 种。

## 2.4.1  运行 SpotBugs

在 2.1.2 小节中，提到 SpotBugs 目前暂时没有 Android Studio 插件支持，所以现在只能以单独的程序运行它。

由于已经配置了环境变量，因此在 macOS 中，要运行 SpotBugs，只需打开终端，执行下面的指令即可（在后面的章节中，我们将介绍更简便的启动方式）：

```
java -jar $SPOTBUGS_HOME/lib/spotbugs.jar
```

Windows 操作系统的读者需要打开命令提示符，然后执行下面的指令：

```
java -jar %SPOTBUGS_HOME%\lib\spotbugs.jar
```

稍等片刻，SpotBugs 的窗口就出现了，如图 2.38 所示。

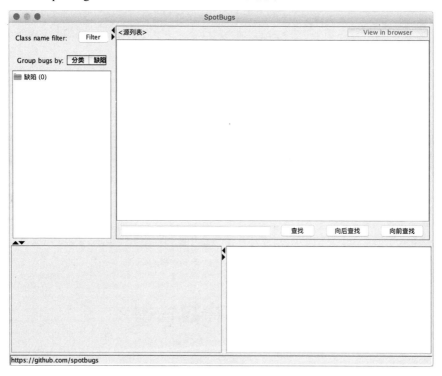

图 2.38　SpotBugs 主界面

该界面和 FindBugs 的界面很像，如果你之前用过 FindBugs，应该不会陌生。

要使用 SpotBugs 进行默认规则的代码检查，有一个必要的前提：对于 Android 工程而言，必须生成 build 目录，其中必须有 class 文件才可以，因为 SpotBugs 需要它们才能完成分析。

首先在 Android Studio 中完成 Build（比较便捷的方法是生成 APK），然后回到 SpotBugs。单击菜单栏中的文件，在弹出的菜单中选择新建，按照图 2.39 进行配置。

图 2.39　新建检查项目

由于 My Application 工程总共有两个 Module，而 SpotBugs 支持多项配置，因此我们可以依次将两个 Module 的 build 目录和 src 目录配置到指定的位置。

配置好后，单击窗口右下方的 Analyze（分析）按钮启动检查。在短暂的进度条等待后，检查结束。

在此次检查中，可能会弹出一个标题为 Analysis error 的对话框，告知我们缺少 Android 源码的 classes，暂且忽略这个报错，单击 Analyze 开始分析并查看检查结果，如图 2.40 所示。

经过对检查结果的复查，我们发现：所报告的问题基本都属于 Android 源码。毫无疑问，这是因为到目前为止，并没有对工程进行开发，即使曾经添加过一个名为 submodule 的 Module，其代码内容也和 appModule 中的内容别无二致。

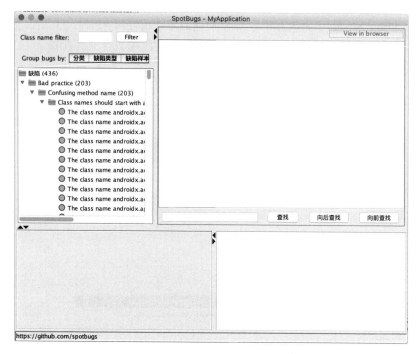

图 2.40　复查检查结果

下面让我们故意制造一些"事端"，在 appModule 中添加一些有问题的代码，这段代码位于 onCreate()方法中，完整代码如下：

```
public class MainActivity extends AppCompatActivity {
    private int count;
    @Override
    protected void onCreate(Bundle savedInstanceState) {
        super.onCreate(savedInstanceState);
        setContentView(R.layout.activity_main);
        // 测试代码
        String  abc = "abc";
        String  xyz = new String("");
        xyz =  abc;
        System.out.println(xyz);
    }
}
```

重新运行 SpotBugs 检测，看看它能检测出什么问题，运行结果如图 2.41 所示。

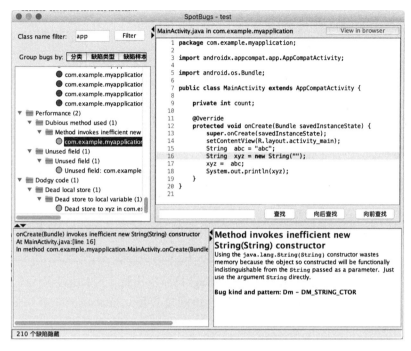

图 2.41　测试代码检测结果

很明显，总共检测出 3 个问题，两个属于 Performance（性能）类，一个属于 Dodgy code（错误的代码）类。相应地，窗口右上方会给出代码位置。

看到这些检查结果，你可能会问：SpotBugs 都可以检查哪些问题，怎样保存检查报告，怎样添加过滤器，等等。

继续往下看，这些问题将逐一得到答案。

## 2.4.2　SpotBugs 分析能力

SpotBugs 将可以检查出的问题分为 10 种，每一种包含若干问题点。这 10 种问题的描述如表 2.1 所示。

表 2.1　10 种问题的描述

| 问题类型名称 | 详细描述 |
| --- | --- |
| Bad practice | 不佳实践，通常是一些常见的代码错误，是通过缺陷模式匹配的一种静态代码检查 |
| Correctness | 正确性，可能引发运行时错误的代码，如引用了未经判空的对象、逻辑死循环等 |
| Experimental | 实验性，包含实验性、未经完全验证的问题点 |

（续表）

| 问题类型名称 | 详细描述 |
|---|---|
| Internationalization | 国际化，此类型检测国际化的问题，比如字符串语言转换等 |
| Malicious code vulnerability | 恶意代码风险，该类型主要检测代码中易受恶意软件攻击的部分，比如修饰符等 |
| Multithreaded correctness | 多线程正确性，通常是线程间同步以及可能存在问题的多线程缺陷 |
| Bogus random noise | 伪随机噪声，用于数据挖掘实验中的控制，而不是用于发现软件中的实际错误 |
| Performance | 性能问题，该类型可检测出运行逻辑正确但并不高效的代码 |
| Security | 安全性，该类型通常报告由于未经信任的输入，最终造成可远程利用的安全漏洞 |
| Dodgy code | 错误的代码（旧版本中称为 Style），通常是可能引发错误的代码，如冗余的空值判断、错误的类型转换等 |

每个分类中的所有问题点示例都可在 SpotBugs 网站中找到，其中还包含代码示例。由于篇幅所限，这里就不再赘述了，读者可自行到该网址查阅：https://spotbugs.readthedocs.io/en/stable/bugDescriptions.html。

## 2.4.3　SpotBugs 高级参数设置

前面我们已经学会如何启动 SpotBugs 并运行代码检查了，但这远远不够。本节将为大家讲解 SpotBugs 的高级启动参数，结合这些参数可以更灵活地使用 SpotBugs 工具。

还等什么，让我们赶快开始吧！

### 1. SpotBugs的初始化启动参数

SpotBugs 支持图形界面和命令行文本界面，前文中我们使用的就是图形界面的 SpotBugs。可以通过在启动时添加参数实现以自定义的方式启动 SpotBugs。SpotBugs 支持自定义的启动参数，如表 2.2 所示（这里只列举了常用的参数）。

表 2.2　SpotBugs 自定义的启动参数

| 参数名称 | 作用详解 | 使用举例 |
|---|---|---|
| -gui | 以图形界面运行 SpotBugs（默认的运行方式） | java -jar $SPOTBUGS_HOME/lib/spotbugs.jar -gui |
| -textui | 以文本模式运行 SpotBugs（需要额外添加参数） | java -jar $SPOTBUGS_HOME/lib/spotbugs.jar -textui |
| -version | 查看 SpotBugs 版本号 | java -jar $SPOTBUGS_HOME/lib/spotbugs.jar -version |
| -help | 获取帮助 | java -jar $SPOTBUGS_HOME/lib/spotbugs.jar -help |

（续表）

| 参数名称 | 作用详解 | 使用举例 |
|---|---|---|
| -Xmx | 设置最大可用 Java 堆内存（对于大型项目，SpotBugs 通常会使用 1.5 GB 的内存） | java -Xmx1500m -jar $SPOTBUGS_HOME/lib/spotbugs.jar |

这里有两点需要注意：

（1）当我们以文本方式运行 SpotBugs 时，需要额外添加参数。未添加任何参数时，将输出帮助信息。

（2）设置最大可用 Java 堆内存时，需要注意参数添加的位置。

### 2. 使用包装器脚本启动SpotBugs

相信读者还记得我们在配置 SpotBugs 时添加了 $SpotBugs/bin 的环境变量。因此，可以更简便地启动 SpotBugs。在 macOS 中，只需启动终端，然后输入：

```
spotbugs
```

并按回车键，即可以默认的图形界面方式启动 SpotBugs。在 Windows 操作系统中，需要执行该目录下的 spotbugs.bat 批处理命令。

使用包装器脚本启动 SpotBugs 对前文所述的各项启动参数设置仍然有效，但在使用时略有差异。在设置最大可用 Java 堆内存时，需要按照下面的方式来指定数值：

```
spotbugs -jvmArgs "-Xmx1500m"
```

显而易见，以包装器脚本方式启动，所有参数以双引号包裹，并附后指明。

### 3. SpotBugs运行选项

表 2.3 将列举较为常用的 SpotBugs 运行选项，大多数参数配置均可通过图形界面找到。但在某些使用场景中，命令行的效率要比图形界面更高，使用起来更便捷。

表 2.3　较为常用的 SpotBugs 运行选项

| 参数名称 | 作用详解 | 使用场景 |
|---|---|---|
| -effort | 定义代码检查级别，其值通常为 min、less、more、max 中的一个，默认值为 more。当代码检查耗时太多甚至出现内存溢出崩溃时，该选项会派上用场 | 图形/文本界面 |
| -project | 重新运行之前保存的工程 | 图形/文本界面 |
| -adjustExperimental | 降低实验性问题的严重性等级 | 图形/文本界面 |
| -include | 通过 XML 配置文件仅检查某些类型 | 仅文本界面 |

（续表）

| 参数名称 | 作用详解 | 使用场景 |
|---|---|---|
| -exclude | 通过 XML 配置文件排除某些类型检查 | 仅文本界面 |
| -onlyAnalyze | 限制 SpotBugs 工具为仅检查某个包中的类。其值通常为包名，如 com.example.myapplication。当工程代码多而繁杂时，使用该参数将显著降低代码检查时间和内存消耗。其缺点是由于没有进行整个工程的检查，结果可能会有问题 | 仅文本界面 |
| -low | 报告所有问题 | 仅文本界面 |
| -medium | 仅报告中优先级和高优先级的问题（默认） | 仅文本界面 |
| -high | 仅报告高优先级的问题 | 仅文本界面 |
| -xml | 将最终报告以 XML 形式导出（可使用图形界面打开） | 仅文本界面 |
| -html | 将最终报告以 HTML 形式导出 | 仅文本界面 |
| -output | 设定最终报告文件的输出路径 | 仅文本界面 |
| -nested | 设置是否递归子目录检查，默认值为 true，即包含所有子目录 | 仅文本界面 |

表 2.3 列举了常用的运行参数，读者可依照实际需要使用它们。

## 2.4.4 自定义 SpotBugs 过滤器

到这里，还有个一直困扰我们的问题——怎样添加过滤器。在 SpotBugs 中，可以添加两种过滤器：一种用来确定文件筛查范围；另一种用来过滤检查规则范围。接下来，我们依次来了解它们。

### 1. 自定义SpotBugs文件检查范围

现在，回看图 2.40，我们使用窗口左侧的 Class name filter（类名筛选器）进行了粗略的过滤，更快地找到了问题代码。

实际上，想要更直观地看到这些问题代码，有两种方式：第一种是排除干扰项；第二种是仅包含有用项。

当我们想排除所有以 androidx 开头的类时，图形界面便无法完全满足我们的需求了。

如图 2.42 所示，无论以包名、类名还是前缀等进行过滤，所有的方式似乎都无法直接一步过滤掉 androidx 开头的文件，只能过滤其中的某一部分。如果要一个一个添加的话，就很烦琐了。

图 2.42　图形模式的过滤器

下面来介绍一种更精准的方式实现过滤——使用 XML 格式的配置文件。

首先来看看 XML 配置文件的格式，下面是一个示例：

```
<?xml version="1.0" encoding="UTF-8"?>
<FindBugsFilter
    xmlns="https://github.com/spotbugs/filter/3.0.0"
    xmlns:xsi="http://www.w3.org/2001/XMLSchema-instance"
    xsi:schemaLocation="https://github.com/spotbugs/filter/3.0.0
https://raw.githubusercontent.com/spotbugs/spotbugs/3.1.0/spotbugs/etc/findb
ugsfilter.xsd">

    <Match>
        <Package name="~androidx.*" />
    </Match>
</FindBugsFilter>
```

首先，想要让 SpotBugs 识别这是一个过滤规则配置文档，需要添加 FindBugsFilter 节点。然后，我们就可以用 Match 节点来添加匹配规则。Match 节点允许 4 种类型的参数，分别是 Class（类名）、Source（源码名）、Method（方法/函数名）、Field（字段名），以~作为参数值的开始。最后，整个参数值为一段正则表达式。

很明显，上述代码添加了以 android 开头的包名过滤，保存该文件，并命名为 excludeFilter.xml 备用。

接着，保存使用图形界面进行的检查。注意，这一步并不是保存检查结果，而是通过文件菜单将检查配置另存为 FBP 文件。这一次，我们添加 appModule 的部分，然后保存为 appModuleCheck.fbp 备用，如图 2.43 所示。

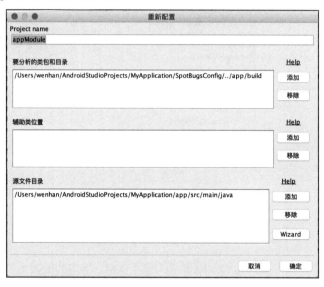

图 2.43 包含 app Module 的代码检查配置

最后，为了日后使用方便，将 excludeFilter.xml 和 appModuleCheck.fbp 保存在 SpotBugsConfig 目录中，并将这个目录放在工程根目录下，如图 2.44 所示。

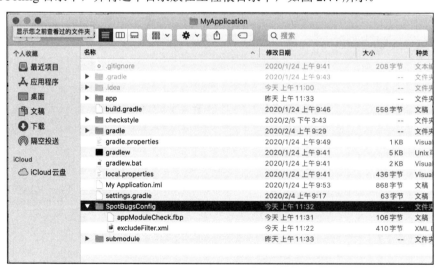

图 2.44 SpotBugs 配置文件结构

至此，准备工作就绪。接下来打开命令行，启动 SpotBugs 进行代码检查。

启动终端，来到工程根目录下，进入 SpotBugsConfig 目录，执行下面的语句：

```
spotbugs -textui -project appModuleCheck.fbp -exclude excludeFilter.xml
-html -output result.html
```

对照 SpotBugs 运行选项，上述命令可解释为：

- 以文本界面的形式运行SpotBugs。
- 运行之前保存的appModuleCheck.fbp项目。
- 排除excludeFilter.xml中定义的规则。
- 检查结果以HTML形式输出到当前目录下的result.html文件中。

不出意外的话，我们会在 SpotBugsConfig 目录下发现 result.html 文件。使用浏览器打开这个文件，发现问题数下降到 16，作为干扰项的 Android 源码的问题已经完全删除，如图 2.45 所示。

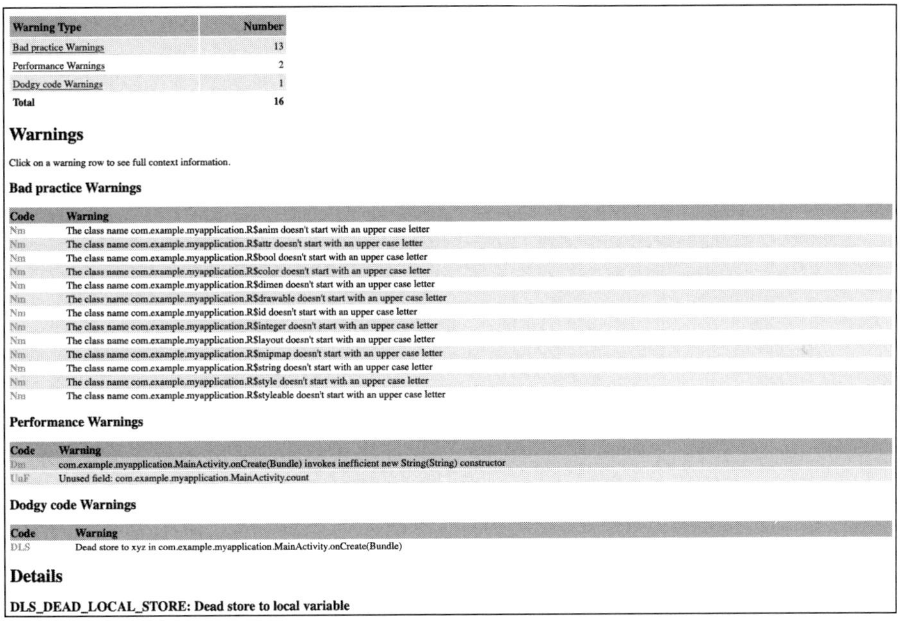

| Warning Type | Number |
| --- | --- |
| Bad practice Warnings | 13 |
| Performance Warnings | 2 |
| Dodgy code Warnings | 1 |
| **Total** | **16** |

**Warnings**

Click on a warning row to see full context information.

**Bad practice Warnings**

| Code | Warning |
| --- | --- |
| Nm | The class name com.example.myapplication.R$anim doesn't start with an upper case letter |
| Nm | The class name com.example.myapplication.R$attr doesn't start with an upper case letter |
| Nm | The class name com.example.myapplication.R$bool doesn't start with an upper case letter |
| Nm | The class name com.example.myapplication.R$color doesn't start with an upper case letter |
| Nm | The class name com.example.myapplication.R$dimen doesn't start with an upper case letter |
| Nm | The class name com.example.myapplication.R$drawable doesn't start with an upper case letter |
| Nm | The class name com.example.myapplication.R$id doesn't start with an upper case letter |
| Nm | The class name com.example.myapplication.R$integer doesn't start with an upper case letter |
| Nm | The class name com.example.myapplication.R$layout doesn't start with an upper case letter |
| Nm | The class name com.example.myapplication.R$mipmap doesn't start with an upper case letter |
| Nm | The class name com.example.myapplication.R$string doesn't start with an upper case letter |
| Nm | The class name com.example.myapplication.R$style doesn't start with an upper case letter |
| Nm | The class name com.example.myapplication.R$styleable doesn't start with an upper case letter |

**Performance Warnings**

| Code | Warning |
| --- | --- |
| Dm | com.example.myapplication.MainActivity.onCreate(Bundle) invokes inefficient new String(String) constructor |
| UuF | Unused field: com.example.myapplication.MainActivity.count |

**Dodgy code Warnings**

| Code | Warning |
| --- | --- |
| DLS | Dead store to xyz in com.example.myapplication.MainActivity.onCreate(Bundle) |

**Details**

DLS_DEAD_LOCAL_STORE: Dead store to local variable

图 2.45　去除大部分干扰项的输出结果

图 2.45 显示了删除大部分干扰项的结果，但生成的 R 文件依旧在干扰着我们的实现，接下来继续去除它。

继续编辑 excludeFilter.xml 文档：

```
<?xml version="1.0" encoding="UTF-8"?>
<FindBugsFilter
```

```
    xmlns="https://github.com/spotbugs/filter/3.0.0"
    xmlns:xsi="http://www.w3.org/2001/XMLSchema-instance"
    xsi:schemaLocation="https://github.com/spotbugs/filter/3.0.0
https://raw.githubusercontent.com/spotbugs/spotbugs/3.1.0/spotbugs/etc/findb
ugsfilter.xsd">
    <Match>
        <Package name="~androidx.*" />
    </Match>
    <Match>
        <Class name="~com.example.myapplication.R.*" />
    </Match>
</FindBugsFilter>
```

以上代码添加了新的 Class 匹配规则，保存并再次运行 SpotBugs 检查，问题数量降为 3。

在实际开发中，除了可以运用上述排除干扰项的做法外，也可以使用包含有用项的做法。尤其是在单一包名的情况下，后者效率更高。

和排除干扰项的做法类似，要只保留有用项的检查，同样需要规则文档。这一次，我们把规则文档命名为 includeFilter.xml，也保存到 SpotBugsConfig 目录中，其内容如下：

```
<?xml version="1.0" encoding="UTF-8"?>
<FindBugsFilter
    xmlns="https://github.com/spotbugs/filter/3.0.0"
    xmlns:xsi="http://www.w3.org/2001/XMLSchema-instance"
    xsi:schemaLocation="https://github.com/spotbugs/filter/3.0.0
https://raw.githubusercontent.com/spotbugs/spotbugs/3.1.0/spotbugs/etc/findb
ugsfilter.xsd">
    <Match>
        <Package name="~com.example.myapplication.*" />
    </Match>
</FindBugsFilter>
```

同时，为了排除 R 文件的干扰，我们将之前的 excludeFilter.xml 修改为只包含 R 文件的规则：

```
<?xml version="1.0" encoding="UTF-8"?>
<FindBugsFilter
    xmlns="https://github.com/spotbugs/filter/3.0.0"
    xmlns:xsi="http://www.w3.org/2001/XMLSchema-instance"
    xsi:schemaLocation="https://github.com/spotbugs/filter/3.0.0
https://raw.githubusercontent.com/spotbugs/spotbugs/3.1.0/spotbugs/etc/findb
ugsfilter.xsd">
```

```
    <Match>
        <Class name="~com.example.myapplication.R.*" />
    </Match>
</FindBugsFilter>
```

然后，执行下面的命令：

```
spotbugs -textui -project appModuleCheck.fbp -include includeFilter.xml
-exclude excludeFilter.xml -html -output result.html
```

成功执行后，打开 result.html，同样得到了 3 个问题点的报告，且均出自我们自己编写的代码中，如图 2.46 所示。

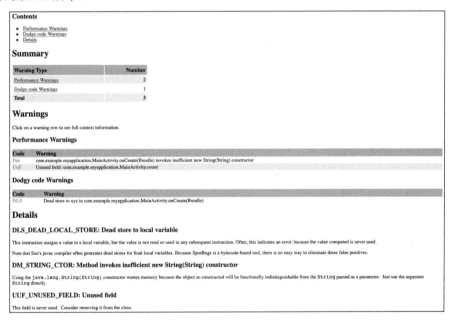

图 2.46　最终检查结果

## 2. 自定义SpotBugs规则检查范围

现在，我们已经使用 includeFilter.xml 和 excludeFilter.xml 分别限制了检查报告中所包含和忽略的文件。接下来，继续完善这两个配置文件，让它们能够包含我们想要检查到的规则和排除的规则。

让我们一起思考这样一个问题：如果只想检查 Performance（性能）类型的问题，要怎样处理呢？

和处理文件范围类似，只检查某种类型的问题，我们可以在 includeFilter.xml 中使用相应的属性来定义，这里使用 category 属性。

Category 属性主要有 5 种取值，分别为 CORRECTNESS、MT_CORRECTNESS、BAD_PRACTICICE、PERFORMANCE 和 STYLE。注意，STYLE 对应为 Dodgy Code。

因此，可以改写 includeFilter.xml，使其具备规则过滤能力：

```xml
<?xml version="1.0" encoding="UTF-8"?>
<FindBugsFilter
    xmlns="https://github.com/spotbugs/filter/3.0.0"
    xmlns:xsi="http://www.w3.org/2001/XMLSchema-instance"
    xsi:schemaLocation="https://github.com/spotbugs/filter/3.0.0
https://raw.githubusercontent.com/spotbugs/spotbugs/3.1.0/spotbugs/etc/findb
ugsfilter.xsd">
    <Match>
        <Package name="~com.example.myapplication.*" />
    </Match>
    <Match>
        <Bug category="PERFORMANCE" />
    </Match>
</FindBugsFilter>
```

再次运行 SpotBugs 检查，发现问题数变为 2，只保留了性能相关的项目。

看到这，你可能会问：我并没有改写 excludeFilter.xml，为什么 Dodgy Code 的问题不在报告中体现了呢？

经过反复测试，笔者发现：一旦某个类别的规则在 includeFilter.xml 中定义并使用，其他未使用类别的问题均不再报告。所以，我们仅需在 includeFilter.xml 中做好要检查的问题类别声明，即可一步到位，完成过滤。

### 3. 使用逻辑属性实现灵活匹配

SpotBugs 还支持 Or（或）、And（和）和 Not（非）。

前文中，我们使用 includeFilter.xml 和 excludeFilter.xml 两个文件定义了最终的检查规则，有没有更简单的定义方式呢？答案是肯定的。

阅读下面的代码：

```xml
<?xml version="1.0" encoding="UTF-8"?>
<FindBugsFilter
    xmlns="https://github.com/spotbugs/filter/3.0.0"
    xmlns:xsi="http://www.w3.org/2001/XMLSchema-instance"
    xsi:schemaLocation="https://github.com/spotbugs/filter/3.0.0
https://raw.githubusercontent.com/spotbugs/spotbugs/3.1.0/spotbugs/etc/findb
ugsfilter.xsd">
    <Match>
```

```
        <Package name="~com.example.myapplication.*" />
        <Not>
            <Class name="~com.example.myapplication.R.*" />
        </Not>
    </Match>
</FindBugsFilter>
```

这一次，我们将它保存为 filter.xml，并保存到 SpotBugsConfig 目录下，执行命令：

```
spotbugs -textui -project appModuleCheck.fbp -include filter.xml -html
-output result.html
```

检查完成后，打开 result.html，可以看到和图 2.46 一样的结果。

# 2.5　使用 PMD 进行代码审查

这一节我们来介绍 PMD。

PMD 是一个静态代码检查工具，本身内置了很多的代码检查规则，利用这些规则可以轻松找出代码中的问题。它可检测的问题类型多样，且支持 Java 和 XML 等多种语言代码。另外，我们还可以自定义检查规则。

下面就让我们一起踏上探索 PMD 之旅吧。

## 2.5.1　运行 PMD

PMD 可以作为插件和 IDE 配合使用，也可以作为单独的工具运行。

### 1. 在Android Studio中运行PMD检查

由于我们之前已经在 Android Studio 中安装了 PMD 插件，因此可以直接在 Android Studio 中运行它。

首先，启动 Android Studio，打开 Project 视图，在要进行检查的代码上右击，在弹出的菜单中依次选择 Run PMD（运行 PMD）→Pre Defined（预先定义的规则）→All（全部），如图 2.47 所示。

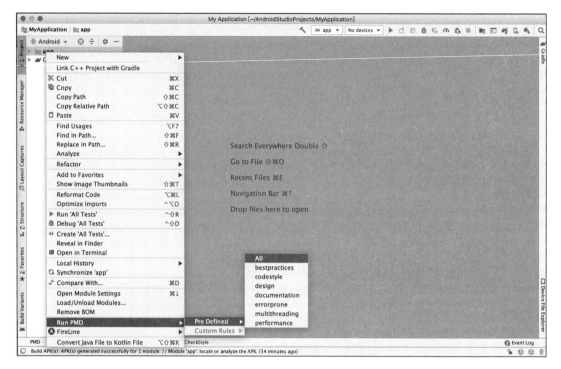

图 2.47　在 Android Studio 中运行 PMD

稍等片刻，待检查完成后，会自动打开 PMD 视图。在该视图中，可以看到所有检查出的问题以及详细描述，如图 2.48 所示。

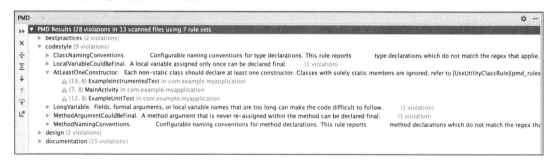

图 2.48　PMD 检查结果

通过插件的方式运行 PMD 简单、快捷。

### 2. 以独立程序的方式运行PMD

除了能在 Android Studio 中运行 PMD 外，还可以直接在命令行启动 PMD 检查。

在配置了环境变量和别名后，打开命令行，导航当前目录到工程所在的目录下，执行下面的命令：

```
pmd -d ./MyApplication -R rulesets/java/quickstart.xml -f text
```

如果你使用的是 Windows 操作系统，那么可以执行下面的命令：

```
pmd.bat -d MyApplication -R rulesets/java/quickstart.xml -f text
```

不出意外的话，我们会得到如图 2.49 所示的检查结果。

图 2.49　PMD 检查结果（节选）

图 2.49 所示的内容仅是检查结果的开头一部分。

下面让我们拆解一下这条命令，如图 2.50 所示。

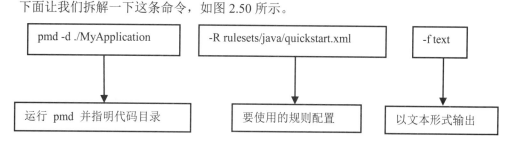

图 2.50　PMD 命令拆解

PMD 命令行常用的参数并不多，除了图 2.50 所示的 3 个参数外，还有一个 auxclasspath。常用参数的作用详解参见表 2.4。

表 2.4　常用参数的作用详解

| 参数名称 | 作用详解 |
|---|---|
| -d | 要分析的代码存放位置。该参数接收一个目录、文件或包含源码的 JAR 或 ZIP 文件 |
| -R | 要使用的规则配置文件，通常为 XML 格式的配置文档或文档中的某个规则项名称 |
| -f | 检查结果输出格式。PMD 支持多种格式的输出，如 JSON、CSV、Emacs、HTML、Text、XML 等 |
| -auxclasspath | 要分析的编译过的代码路径，指明这些文件的路径将有助于 PMD 做更深层次的分析。该参数接收一个目录 |

## 2.5.2　PMD 分析能力

PMD 本身支持多种编程语言，除了开发 Android App 所需的 Java 和 XML 外，还支持 Apex、ECMAScript（JavaScript）、JSP、Modelica、PLSQL、ROM、Scala、VM、XSL······

本书只介绍与 Android App 开发相关的 Java 和 XML 两种编程语言的检查能力。首先来看 Java。

PMD 将可检测的 Java 代码的问题分为 9 类，具体如表 2.5 所示。

表 2.5　可检测的 Java 代码的问题

| 类别名称 | 详细描述 |
|---|---|
| Best Practices | 通常被认为是最佳实践的代码编写规则，比如去掉未使用的变量、去除多余的 import 等 |
| Code Style | 执行特定编码样式的规则，比如不恰当的变量名、非 static 的类缺少构造方法等 |
| Design | 该类别可检测出有关设计的问题，比如缺少对常见异常的处理、未将编译时的常量声明为 static 等 |
| Documentation | 该类别可检测出代码文档相关的问题，如对空方法的注释、不恰当的注释文本长度等 |
| Error Prone | 该规则检测结构上的问题，特别是易混淆或可能会导致运行时错误的问题 |
| Multithreading | 该规则检测在处理多线程时可能出现的问题，如同步问题、不恰当的 volatile 关键字使用等 |
| Performance | 该规则针对性能问题，如低效率的字符串处理、低效率的文件输入输出流等 |
| Security | 该规则检测可能会有潜在安全威胁的问题，比如硬编码加密 key 等 |
| Additional rulesets | 额外的规则项，该分类中基本都是为向后兼容而存在的规则，且基本都已经是不建议使用的 |

PMD 将可检测的 XML 代码的问题分为两个大类，分别是 Error Prone 和 Additional rulesets，其作用和表 2.5 中对应项目的描述是一样的。

和 SpotBugs 类似，上述每种类型中包含若干问题点。篇幅所限，这里就不再一一列举了，感兴趣的读者可以自行到 PMD 网站查询。Java 编程语言可访问：https://pmd.github.io/latest/ pmd_rules_java.html，XML 编程语言可访问：https://pmd.github.io/latest/pmd_rules_xml.html。以上地址均可查询到最新的规则描述。

## 2.5.3　自定义 PMD 过滤器

在 2.5.1 小节中，我们简单地使用了 PMD，它能检测出代码中的很多问题。但要用在实际开发中，只是简单地运行它是远远不够的。

未经过滤的代码包含功能代码、测试代码、R 文件甚至编译过程中生成的文件，这会引入诸多干扰项。此外，某些检查规则也许是我们并不关心的，或者只想针对某项规则进行检查。这些需求都需要添加不同的过滤规则来实现。

### 1. 自定义PMD规则过滤器

PMD 静态代码检查工具使用 XML 格式的配置文件来设置过滤，这个配置文件由 ruleset 根元素包裹。我们可以通过添加 rule 元素来添加或排除要检查的规则项，以达到规则过滤的目的。

现在，我们添加对 Java 源码的规则检查。

我们已经知道在 PMD 中所能检查出的问题分类，因此，直接根据 PMD 内置的分类模板添加这些规则即可。完整的代码如下：

```xml
<?xml version="1.0"?>
<ruleset name="Test Filter"
    xmlns="http://pmd.sourceforge.net/ruleset/2.0.0"
    xmlns:xsi="http://www.w3.org/2001/XMLSchema-instance"
    xsi:schemaLocation="http://pmd.sourceforge.net/ruleset/2.0.0
http://pmd.sourceforge.net/ruleset_2_0_0.xsd">
    <rule ref="category/java/bestpractices.xml"/>
    <rule ref="category/java/codestyle.xml"/>
    <rule ref="category/java/design.xml"/>
    <rule ref="category/java/documentation.xml"/>
    <rule ref="category/java/multithreading.xml"/>
    <rule ref="category/java/performance.xml"/>
    <rule ref="category/java/security.xml"/>
    <rule ref="category/java/errorprone.xml"/>
</ruleset>
```

rule 元素中的 ref 参数值看上去像是一个由不同代码语言、不同问题类别拼接而成的路径。这是自从 6.0.0 版本的 PMD 开始的，所有内置的规则都在 category 目录下，并按照代码语言分别组织。至于 XML 语言为什么只有一种问题类型，这是因为 PMD 对 XML 语言代码的有效检测类型只有 errorprone 一种。

编写好 XML 规则配置文档后，将其保存到工程根目录下的 PMD 目录中，并命名为 filter.xml。接着，打开终端，定位到工程所在的目录下，执行下面的命令：

```
pmd -d ./MyApplication -R ./MyApplication/PMD/filter.xml -f html
> ./MyApplication/PMD/result.html
```

该命令触发了一次 PMD 检查，检查目标是名为 MyApplication 的目录及其子目录下的 Java 和 XML 代码，使用规则为工程根目录下的 PMD 目录中的 filter.xml 文件，并将检查结果保存为 result.html 文档。这里，MyApplication 是工程根目录。

待 PMD 执行结束后，使用浏览器打开 result.html，可复查检查执行结果，如图 2.51 所示。

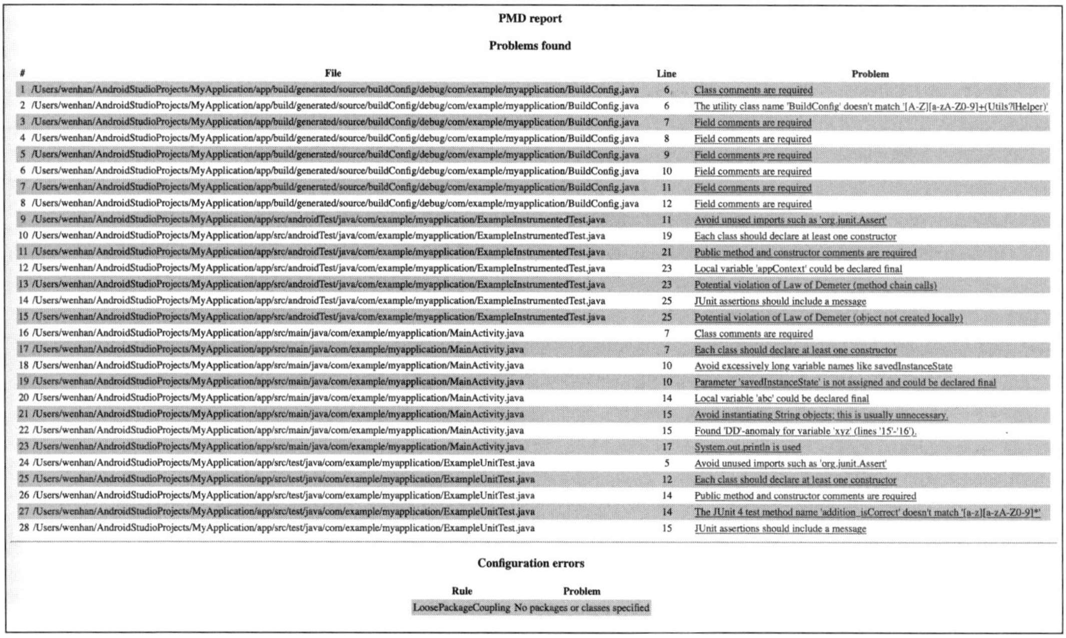

**PMD report**

**Problems found**

| # | File | Line | Problem |
|---|------|------|---------|
| 1 | /Users/wenhan/AndroidStudioProjects/MyApplication/app/build/generated/source/buildConfig/debug/com/example/myapplication/BuildConfig.java | 6 | Class comments are required |
| 2 | /Users/wenhan/AndroidStudioProjects/MyApplication/app/build/generated/source/buildConfig/debug/com/example/myapplication/BuildConfig.java | 6 | The utility class name 'BuildConfig' doesn't match '[A-Z][a-zA-Z0-9]+(Utils?\|Helper)' |
| 3 | /Users/wenhan/AndroidStudioProjects/MyApplication/app/build/generated/source/buildConfig/debug/com/example/myapplication/BuildConfig.java | 7 | Field comments are required |
| 4 | /Users/wenhan/AndroidStudioProjects/MyApplication/app/build/generated/source/buildConfig/debug/com/example/myapplication/BuildConfig.java | 8 | Field comments are required |
| 5 | /Users/wenhan/AndroidStudioProjects/MyApplication/app/build/generated/source/buildConfig/debug/com/example/myapplication/BuildConfig.java | 9 | Field comments are required |
| 6 | /Users/wenhan/AndroidStudioProjects/MyApplication/app/build/generated/source/buildConfig/debug/com/example/myapplication/BuildConfig.java | 10 | Field comments are required |
| 7 | /Users/wenhan/AndroidStudioProjects/MyApplication/app/build/generated/source/buildConfig/debug/com/example/myapplication/BuildConfig.java | 11 | Field comments are required |
| 8 | /Users/wenhan/AndroidStudioProjects/MyApplication/app/build/generated/source/buildConfig/debug/com/example/myapplication/BuildConfig.java | 12 | Field comments are required |
| 9 | /Users/wenhan/AndroidStudioProjects/MyApplication/app/src/androidTest/java/com/example/myapplication/ExampleInstrumentedTest.java | 11 | Avoid unused imports such as 'org.junit.Assert' |
| 10 | /Users/wenhan/AndroidStudioProjects/MyApplication/app/src/androidTest/java/com/example/myapplication/ExampleInstrumentedTest.java | 19 | Each class should declare at least one constructor |
| 11 | /Users/wenhan/AndroidStudioProjects/MyApplication/app/src/androidTest/java/com/example/myapplication/ExampleInstrumentedTest.java | 21 | Public method and constructor comments are required |
| 12 | /Users/wenhan/AndroidStudioProjects/MyApplication/app/src/androidTest/java/com/example/myapplication/ExampleInstrumentedTest.java | 23 | Local variable 'appContext' could be declared final |
| 13 | /Users/wenhan/AndroidStudioProjects/MyApplication/app/src/androidTest/java/com/example/myapplication/ExampleInstrumentedTest.java | 23 | Potential violation of Law of Demeter (method chain calls) |
| 14 | /Users/wenhan/AndroidStudioProjects/MyApplication/app/src/androidTest/java/com/example/myapplication/ExampleInstrumentedTest.java | 25 | JUnit assertions should include a message |
| 15 | /Users/wenhan/AndroidStudioProjects/MyApplication/app/src/androidTest/java/com/example/myapplication/ExampleInstrumentedTest.java | 25 | Potential violation of Law of Demeter (object not created locally) |
| 16 | /Users/wenhan/AndroidStudioProjects/MyApplication/app/src/main/java/com/example/myapplication/MainActivity.java | 7 | Class comments are required |
| 17 | /Users/wenhan/AndroidStudioProjects/MyApplication/app/src/main/java/com/example/myapplication/MainActivity.java | 7 | Each class should declare at least one constructor |
| 18 | /Users/wenhan/AndroidStudioProjects/MyApplication/app/src/main/java/com/example/myapplication/MainActivity.java | 10 | Avoid excessively long variable names like savedInstanceState |
| 19 | /Users/wenhan/AndroidStudioProjects/MyApplication/app/src/main/java/com/example/myapplication/MainActivity.java | 10 | Parameter 'savedInstanceState' is not assigned and could be declared final |
| 20 | /Users/wenhan/AndroidStudioProjects/MyApplication/app/src/main/java/com/example/myapplication/MainActivity.java | 14 | Local variable 'abc' could be declared final |
| 21 | /Users/wenhan/AndroidStudioProjects/MyApplication/app/src/main/java/com/example/myapplication/MainActivity.java | 15 | Avoid instantiating String objects; this is usually unnecessary. |
| 22 | /Users/wenhan/AndroidStudioProjects/MyApplication/app/src/main/java/com/example/myapplication/MainActivity.java | 15 | Found 'DD'-anomaly for variable 'xyz' (lines '15'-'16'). |
| 23 | /Users/wenhan/AndroidStudioProjects/MyApplication/app/src/main/java/com/example/myapplication/MainActivity.java | 17 | System.out.println is used |
| 24 | /Users/wenhan/AndroidStudioProjects/MyApplication/app/src/test/java/com/example/myapplication/ExampleUnitTest.java | 5 | Avoid unused imports such as 'org.junit.Assert' |
| 25 | /Users/wenhan/AndroidStudioProjects/MyApplication/app/src/test/java/com/example/myapplication/ExampleUnitTest.java | 12 | Each class should declare at least one constructor |
| 26 | /Users/wenhan/AndroidStudioProjects/MyApplication/app/src/test/java/com/example/myapplication/ExampleUnitTest.java | 14 | Public method and constructor comments are required |
| 27 | /Users/wenhan/AndroidStudioProjects/MyApplication/app/src/test/java/com/example/myapplication/ExampleUnitTest.java | 14 | The JUnit 4 test method name 'addition_isCorrect' doesn't match '[a-z][a-zA-Z0-9]*' |
| 28 | /Users/wenhan/AndroidStudioProjects/MyApplication/app/src/test/java/com/example/myapplication/ExampleUnitTest.java | 15 | JUnit assertions should include a message |

**Configuration errors**

| Rule | Problem |
|------|---------|
| LoosePackageCoupling | No packages or classes specified |

图 2.51　复查代码检查结果

在输出的检查结果中包含详细的问题定位及问题描述，可以透过这些信息轻松地修复问题。

如果你的工程代码非常简单，却检查出成百上千个问题，很有可能是 build 目录下的临时 Java 代码文件也被检查了。此时，对工程执行一次 clean 即可排除这些干扰（稍后将介绍如何配置文件过滤）。

那么，如果我们想要过滤掉某个大类的问题，或过滤掉某个大类中的某个或某几个问题点，该如何操作呢？

　　其实很简单，要忽略某个大类的检查，只需在 XML 中去掉相应的 rule 引用即可。如果要过滤掉某个大类中的某些问题点，需要在 rule 元素中添加 exclude 子元素。

　　图 2.49 中第 23 个问题点，名为 System.out.println is used。根据 PMD 官方的解释，之所以会将该方法的使用作为一个问题，是因为该方法通常用于调试阶段。假如我们目前确实处于产品开发阶段，需要经常使用到该方法，那么该方法就不应该定义为代码问题，应该被过滤掉。

　　经过查询，我们了解到该问题点属于 BestPractice 大类。经过查询官方文档，可以进一步了解到 System.out.println 为何会出现问题。

　　因此，最终的配置代码如下：

```xml
<?xml version="1.0"?>
<ruleset name="Test Filter"
    xmlns="http://pmd.sourceforge.net/ruleset/2.0.0"
    xmlns:xsi="http://www.w3.org/2001/XMLSchema-instance"
    xsi:schemaLocation="http://pmd.sourceforge.net/ruleset/2.0.0
http://pmd.sourceforge.net/ruleset_2_0_0.xsd">
    <rule ref="category/java/bestpractices.xml">
        <exclude name="SystemPrintln"/>
    </rule>
    <rule ref="category/java/codestyle.xml"/>
    <rule ref="category/java/design.xml"/>
    <rule ref="category/java/documentation.xml"/>
    <rule ref="category/java/multithreading.xml"/>
    <rule ref="category/java/performance.xml"/>
    <rule ref="category/java/security.xml"/>
    <rule ref="category/java/errorprone.xml"/>
</ruleset>
```

　　再次执行 PMD 检查，发现原来的第 23 个问题已经不见了，问题总数有所降低。

　　另一方面，从图 2.52 中，还可以得到这样一条信息：当我们只想针对某一个问题点进行检查时，直接将 ref 参数的值改为问题分类/问题点名称的格式即可。也就是说，反过来，如果只想针对 SystemPrintln 进行检查，只需要进行如下配置：

```xml
<?xml version="1.0"?>
<ruleset name="Test Filter"
    xmlns="http://pmd.sourceforge.net/ruleset/2.0.0"
    xmlns:xsi="http://www.w3.org/2001/XMLSchema-instance"
    xsi:schemaLocation="http://pmd.sourceforge.net/ruleset/2.0.0
http://pmd.sourceforge.net/ruleset_2_0_0.xsd">
    <rule ref="category/java/bestpractices.xml/SystemPrintln" />
</ruleset>
```

**SystemPrintln**

**Since:** PMD 2.1

**Priority:** Medium High (2)

References to System.(out|err).print are usually intended for debugging purposes and can remain in the codebase even in production code. By using a logger one can enable/disable this behaviour at will (and by priority) and avoid clogging the Standard out log.

**This rule is defined by the following XPath expression:**

```
//Name[
    starts-with(@Image, 'System.out.print')
    or
    starts-with(@Image, 'System.err.print')
    ]
```

**Example(s):**

```
class Foo{
    Logger log = Logger.getLogger(Foo.class.getName());
    public void testA () {
        System.out.println("Entering test");
        // Better use this
        log.fine("Entering test");
    }
}
```

**Use this rule by referencing it:**

```
<rule ref="category/java/bestpractices.xml/SystemPrintln" />
```

图 2.52　查询某个问题点详情

再次执行 PMD 检查时，其结果仅包含 SystemPrintln 相关问题项。

### 2. 自定义PMD文件过滤器

前面介绍了规则的过滤，接下来介绍对于文件的过滤。

对于 Android App 工程而言，我们一般要排除 build 目录下的文件，必要时还将排除用于测试的代码文件。

现在，再次观察图 2.51 的检查结果，发现 build 目录下的文件被检查了，用于测试的源代码文件也被检查了。要排除它们，实际上需要排除 3 个目录：

（1）/app/build。

（2）/app/src/test。

（3）/app/src/androidText。

在 PMD 配置文件中，要排除某个目录或文件可以使用 exclude-pattern 元素。从元素名称上就可以看出，其值应该是一个正则表达式。当所要检查的文件与正则表达式相匹配的时候，相应的文件将不再检查。

因此，进一步修改 filter.xml，将上述 3 个目录通过 exclude-pattern 元素排除在外：

```xml
<?xml version="1.0"?>
<ruleset name="Test Filter"
    xmlns="http://pmd.sourceforge.net/ruleset/2.0.0"
    xmlns:xsi="http://www.w3.org/2001/XMLSchema-instance"
    xsi:schemaLocation="http://pmd.sourceforge.net/ruleset/2.0.0
http://pmd.sourceforge.net/ruleset_2_0_0.xsd">
    <rule ref="category/java/bestpractices.xml"/>
    <rule ref="category/java/codestyle.xml"/>
    <rule ref="category/java/design.xml"/>
    <rule ref="category/java/documentation.xml"/>
    <rule ref="category/java/multithreading.xml"/>
    <rule ref="category/java/performance.xml"/>
    <rule ref="category/java/security.xml"/>
    <rule ref="category/java/errorprone.xml"/>
    <exclude-pattern>.*/app/build/.*</exclude-pattern>
    <exclude-pattern>.*/app/src/test/.*</exclude-pattern>
    <exclude-pattern>.*/app/src/androidTest/.*</exclude-pattern>
</ruleset>
```

重新执行 PMD 检查，得到如图 2.53 所示的检查结果。

**PMD report**

**Problems found**

| # | File | Line | Problem |
|---|------|------|---------|
| 1 | /Users/wenhan/AndroidStudioProjects/MyApplication/app/src/main/java/com/example/myapplication/MainActivity.java | 7 | Class comments are required |
| 2 | /Users/wenhan/AndroidStudioProjects/MyApplication/app/src/main/java/com/example/myapplication/MainActivity.java | 7 | Each class should declare at least one constructor |
| 3 | /Users/wenhan/AndroidStudioProjects/MyApplication/app/src/main/java/com/example/myapplication/MainActivity.java | 10 | Avoid excessively long variable names like savedInstanceState |
| 4 | /Users/wenhan/AndroidStudioProjects/MyApplication/app/src/main/java/com/example/myapplication/MainActivity.java | 10 | Parameter 'savedInstanceState' is not assigned and could be declared final |
| 5 | /Users/wenhan/AndroidStudioProjects/MyApplication/app/src/main/java/com/example/myapplication/MainActivity.java | 14 | Local variable 'abc' could be declared final |
| 6 | /Users/wenhan/AndroidStudioProjects/MyApplication/app/src/main/java/com/example/myapplication/MainActivity.java | 15 | Avoid instantiating String objects; this is usually unnecessary |
| 7 | /Users/wenhan/AndroidStudioProjects/MyApplication/app/src/main/java/com/example/myapplication/MainActivity.java | 15 | Found 'DD'-anomaly for variable 'xyz' (lines '15'-'16'). |
| 8 | /Users/wenhan/AndroidStudioProjects/MyApplication/app/src/main/java/com/example/myapplication/MainActivity.java | 17 | System.out.println is used |

**Configuration errors**

| Rule | Problem |
|------|---------|
| LoosePackageCoupling | No packages or classes specified |

图 2.53　添加文件过滤后的检查结果

显然，上文所提到的 3 个干扰项已经消失了。利用该方法，即使没有 clean，也不会受到干扰项的影响。

这是排除某些文件的方法。那么，反过来，对于某些工程使用仅包含某些文件的方法可能更简便。在 PMD 中，可以使用 include-pattern 元素表示仅包含符合条件的代码，其值也是一个正则表达式。

# 2.6　静态代码审查最佳实践

众所周知，静态代码检测可以在编码规范、代码缺陷以及性能等问题上做到提前预知，从而在一定程度上保证了项目的交付质量。

到目前为止，我们已经讲过了 Android Lint、CheckStyle、SpotBugs 以及 PMD 四种静态代码检查工具的使用方法。或许你觉得每次执行检查都要逐个使用过分烦琐，该怎样提高它们的使用效率，或者让它们默契地配合，一起工作呢？

## 2.6.1　取其精华，合理运用

我们知道，不同的静态代码检查工具有着各自的侧重点和优缺点，不同的项目需求也会催生出形态各异的代码。怎样使用这些工具效果才会比较好呢？我们需要从实际的项目代码出发，并了解不同工具的特性，从而做出正确的选择。

所以，我们进行静态代码检查应首先解决用什么的问题，再解决怎么用的问题。

### 1. 从实际的项目代码考量

我们都知道，不同规模、不同类别的 App 有着各自不同的功能点。这些功能点有一些是它们都具备的，比如用户登录、注册流程，有一些则是独有的，比如即时通信软件可能会有好友模块，旅行类软件可能会有登机时间提醒，等等。

和这些功能点相对应，各类 App 的开发难点也不尽相同，这也导致了各类 App 出现性能问题的问题点各有特色。比如即时通信软件对于历史消息的加载，大量的消息载入可能会影响性能，欠佳的收发消息时间处理可能会导致消息列表排列乱序；旅行类的软件要特别小心系统时间的改变，如何显示正确的时间以及如何与服务器保持时间同步则是难点之一。

因此，根据实际项目的不同，在做静态代码审查的时候也要有不同的侧重点。比如即时通信软件，就要特别关注它的数据 IO，包括数据库 IO、本地文件 IO 以及内存优化；再比如旅行类软件，对于设备系统时间的获取，一方面要注意系统时区的变化，另一方面要注意系统语言的变化，硬编码则是重点关注的对象。

欠佳的代码导致的后果可能不仅仅是卡顿，逻辑错误、ANR、FC 都有可能发生，静态代码检查可以在产品发布前上一个"保险"，虽然这个"保险"不能保证万无一失，但起码能消除一些不太明显的潜在问题。

笔者之前任职的公司中，有两家公司在对待静态代码审查上做法比较有对比性。

其中一家公司对静态代码审查基本是不做的，编译过程中的一些 warning 被默认忽略。这也难怪，因为当时时间紧，开发任务重。开发人员除了要按需求开发外，还要解决老版本中残留的 Bug，加班是常有的事，基本没有时间精力去做代码审查，再加上测试流程纯人工，没有用到像 Monkey 或者其他的自动化测试工具，结果在产品上线后，发生了很奇怪的崩溃现象。具体表现是当 App 后台时，继续使用手机，一段时间后，App 莫名其妙地 FC。由于当时并没有集成异常分析框架，也没有手动记录上报，不但给开发人员造成困惑，测试人员也很烦恼。后来为了优化用户体验，笔者特意加了异常处理，不弹出"很抱歉，……"的对话框，而是重启 App。但这并不能除根，只是应急措施。又过了很久，笔者某一天在一篇博文里看到静态变量的使用：当内存不足的时候，系统会回收静态变量。笔者突然恍然大悟，于是到代码里去找静态变量，果然用了好多 static 的值。接下来动手优化，将这些值能序列化的进行序列化存取，Activity 之间跳转使用 Intent，绝不偷懒使用静态变量，修改后测试、发版。这个修改后的新版本比旧版本的崩溃反馈下降很多。

　　另一家公司对项目代码质量要求很高，整个研发流程规范、严谨，但问题在于太过教条。我们说统一的代码规范对于团队开发而言有好处，但是过于追求一致性并不可取，往往过犹不及。当时的静态代码检查归属测试部门，也是笔者所在的部门。由于部门内并非所有的同事都是开发出身，在做静态代码检查的时候，一些不算问题的点也被测试人员报给开发人员。问题数量少、开发人员不忙的时候还可以消化，问题数量多、开发人员忙的时候，有价值的问题点很有可能随着无价值的问题点被忽略（毕竟上报后是要人工筛查的），导致整个流程并不高效。

　　正所谓旁观者清，读者通过对上面这两家公司的描述，是否能读出些什么呢？

　　事实上，在进行代码审查的时候，一方面不要忽略它，哪怕只用一种工具，全面系统地运行一次，仅需数秒，哪怕只修改特别重要的问题点，或者容易修改的问题点，也会降低代码运行的风险，在这一步牺牲一些时间是值得的；另一方面，对代码规范的制定切勿做过火。程序开发本是一件充满创意的工作，太教条只会让开发人员觉得自己被条条框框的规则束缚，不自由，甚至会引起开发人员的反感，那就得不偿失了。

### 2. 从工具本身的特性考量

　　接下来我们进行几种代码分析工具的侧重点和优劣分析。了解这些后，再针对实际项目的需要进行工具选择就会有理有据了。

　　表 2.6 列举了 Lint、CheckStyle、SpotBugs（FindBugs 也可参考此项）和 PMD 四种工具的特性。

表 2.6  四种工具的特性

| 特性 ＼ 四种工具 | Android Lint | CheckStyle | SpotBugs | PMD |
|---|---|---|---|---|
| 侧重点 | 独有的针对国际化、各种编译配置的检查 | 代码风格、代码规范 | 对于 Java 源码非常有效 | 对于 Java 源码非常有效 |
| 优势 | Google 官方支持，检查最全面 | 速度快、耗时少 | 可以检测到代码中潜在的问题 | 可以检测到代码中潜在的问题，是具备图形界面的独立运行工具 |
| 劣势 | 检查过程较为耗时 | 检查规则较为简单，对潜在的问题敏感度不高 | 自定义检查规则较为复杂，只能作为独立工具运行 | 需要自定义规则，检查结果过于严格 |
| 检查范围 | 几乎涵盖 App 工程中所有的代码文件，还包含图片资源、Gradle 配置、Proguard 配置等 | Java、XML 源代码 | 主要针对 Java 源码 | Java 源码 |

## 2.6.2  优化代码扫描过程

我们已经学会了不止一种代码检查工具的使用方法，但它们都是各自独立运行的。通过表 2.6 发现，各种工具有它们各自的侧重点和优劣势。要想发现尽可能多的问题点，将它们结合使用是比较明智的选择。

这一节我们介绍怎样做到一次执行，触发多种工具的检查。

众所周知，Android App 的构建使用的是 Gradle 工具。在构建过程中，所有的 Gradle Task 被执行。如果可以将静态代码检查的工作集成到 Gradle Task 中，就可以做到一次执行，多种检查的目的了。

我们一起阅读下面一段代码，这是一个 Module 的 build.gradle 文件，截取了重要的部分：

```
buildscript {...}
plugins {
    id 'pmd'
}
apply plugin: 'com.android.application'
apply plugin: 'checkstyle'
android {...}
```

```
// PMD 检查配置
task pmdCheck(type: Pmd) {
    ruleSetFiles = files(rootProject.files("app/config/pmd_filter.xml"))
    ruleSets = []
    source = rootProject.file("app/src/main/java")
    ignoreFailures = true
    reports {
        xml.enabled = false
        html.enabled = true
    }
}
// CheckStyle 检查配置
checkstyle {
    toolVersion = '8.29'
    showViolations true
}
task checkstyleCheck(type: Checkstyle) {
    source = rootProject.file("app/src/main/java")
    configFile = rootProject.file("app/config/google_checks.xml")
    classpath = files()
    reports {
        xml.enabled = false
        html.enabled = true
    }
}
// 将 CheckStyle 和 PMD 归入 check 流程
check.dependsOn 'checkstyleCheck'
check.dependsOn 'pmdCheck'
dependencies {...}
```

　　这里明确声明了 PMD 和 CheckStyle 两种静态代码检查工具的使用配置情况。并在最后，将这两种检查的触发合并到 check 任务流程中。当我们在工程根目录下执行：

```
./gradlew check
```

时，上述两种代码检查将被执行。

　　看到这，你也许会问：Lint 和 SpotBugs 该怎么做呢？

　　事实上，Lint 是内置于 check 流程中的，当我们执行 check 任务的时候，Lint 检查脚本会被执行而无须显式配置。当然，自定义 Lint 还需要使用 LintOptions 字段来定义。SpotBugs 的用法与 CheckStyle/PMD 类似，这里就不再赘述了。需要注意的是，在使用 SpotBugs 时，需要额外声明代码源文件路径，目前只有 Android 工程需要如此。其代码如下：

```
sourceSets {
  main {
    java.srcDirs = ['src/main/java']
  }
}
```

如前文中所述，该文件为单个 Module 的 build.gradle。对于整个 Application 而言，有没有全局生效的做法呢？

很简单，只需要将上述配置转移到 Application 中的 build.gradle 文件中即可，该过程基本无须修改。之后，同步一次就可以应用到全局了。

# 第 **3** 章

# 使用 **Android Profiler** 优化性能

在第 2 章中，我们详细地介绍了静态代码检查的方法。通过静态代码检查可以预先发现代码中不易被人为发现的问题，从多方面保障了代码质量。

现在，我们再来看图 3.1。

图 3.1　Android App 性能优化一般步骤

对一个 App 产品优化的第一阶段已经完成。如今我们来到第二阶段——App 运行时检查。

之所以名为"App 运行时检查"，顾名思义，在这一阶段，我们将程序运行起来，在运行的过程中发现问题并解决问题。当然，一些较为明显的问题，比如 FC、ANR 之类能及时反馈的运行时问题，由于其特征明显，易于发现，因此不在本部分的讨论范围之内。

这一阶段，我们将结合 App 运行分析工具发现潜在的性能问题，涉及内存、CPU、电量等诸多方面，所用工具有些是 Google 官方提供的，有些是第三方开源工具。

# 3.1 Android Profiler 初探

Android Profiler 是由 Google 官方提供的,它随 Android Studio 一同提供,通过监控和分析 App 运行时内存、CPU、电量、网络用量,优化其中的不妥之处,最终达到提升 App 运行性能的目的。

Android Profiler 支持 API Level 至少为 21(Android 5.0)的设备,因此它可以在大部分的机器上使用。但是,某些特定的功能(如 C/C++方法跟踪)需要至少 API Level 为 26(Android 8.0)的设备。对于高级分析的启用,如果设备 API Level 低于 26,还需要在编译和运行前手动启用高级分析。这些我们会在稍后涉及这些内容的时候再次指出。这里先用一句话概括:如果要达到全面支持 Android Profiler,就使用 API Level 28(Android P)或更新的操作系统。

## 3.1.1 创建测试工程

在开始之前,首先创建一个工程,这个工程将帮助我们学习 Android Profiler 的使用。在后面的内容中,将在这个工程里面编写一些测试代码,并在真实设备上运行这个工程。笔者建议读者最好使用真实设备运行而非虚拟设备,真机更接近实际的使用体验。

启动 Android Studio 的新建工程向导,按照默认配置创建一个名为 LearnAndroidProfiler 的工程,编程语言选择 Java,最低兼容 Android 4.0.3 版本。

接着,在 MainActivity 布局的中央添加 4 个按钮,分别对应 Android Profiler 的 4 种分析能力,它们将跳转到各自单独的 Activity,之后在各自的 Activity 中完成演示。

编译并运行,得到如图 3.2 所示的 Activity。

代码目录结构如图 3.3 所示。

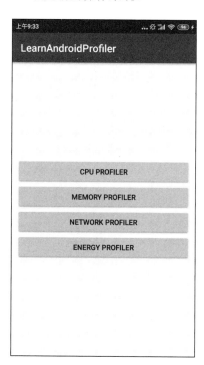

图 3.2 LearnAndroidProfiler 启动界面

图 3.3 LearnAndroidProfiler 代码目录结构

该工程将贯穿本章的学习,并会逐步完善它。

为加强学习效果,笔者建议读者一定要动手练习。另外需要注意一点,由于 Instant Run 特性会对性能以及最终的分析结果产生影响,因此需要关闭 Instant Run。

## 3.1.2 Android Profiler 视图简介

一旦某个Debug级别的App运行成功,并且设备已经通过adb成功连接到Android Studio,就可以启动 Android Profiler 监视相应 App 的运行状态了。

Android Profiler 视图位于 Android Studio 工作区下方,如图 3.4 所示。

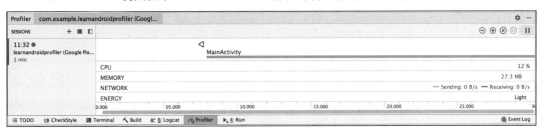

图 3.4 Android Profiler 视图

Android Profiler 视图详细地记录着 App 的运行状态,具体分为处理器、内存、网络和电量。横轴为时间,有点类似于心电图。其中,电量使用信息仅支持 API 等级为 26(Android 8.0)及以上版本的设备。

我们可以单击纵轴上的任意一项,打开相应项目的详细视图。比如,单击第一项:处理器，得到类似图 3.5 的显示结果。

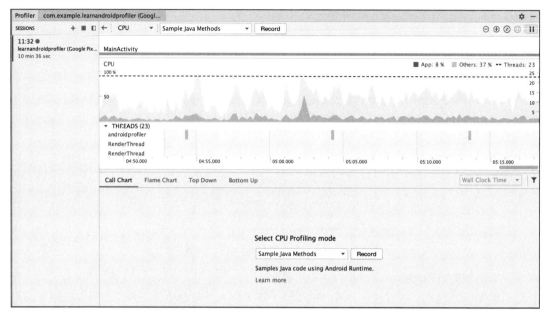

图 3.5　处理器使用状况视图

读者可自行探索内存、网络和电量使用情况图表。

### 3.1.3　启动高级分析

借助 Android Profiler 提供的高级分析，我们可以跟踪 App 运行时更多的信息，这些信息包括：

- 支持所有分析类型的横向时间轴。
- 内存分析中的已分配对象数量。
- 内存分析中的垃圾回收事件。
- 网络分析中所传输的文件详情。

如果读者所使用设备的 API Level 是 26（Android 8.0）或更高，就无须处理，高级分析完全可用。反之，则需要做额外操作。

首先打开 Android Studio 的 Run 菜单项，在弹出的菜单中选择 Edit Configurations...项，打开运行配置窗口。接着，切换到 Profiling 选项卡，勾选 Enable advanced profiling 复选框，最后保存配置，并重新编译运行 App 到设备上即可，如图 3.6 所示。

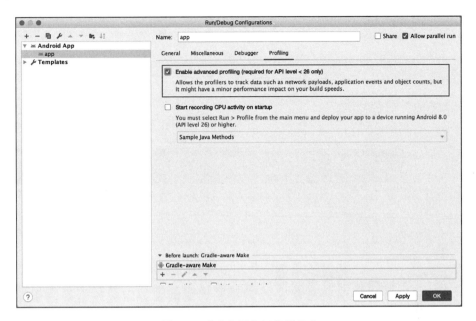

图 3.6　手动启用高级分析能力

## 3.1.4　Android Profiler 监控的开始和停止

通常，当我们首次打开 Android Profiler 视图时，若存在安装后的 Debug 版本的 App，则会自动启动跟踪监控。若要停止跟踪，则需要单击界面左侧 SESSIONS 字样旁边的红色按钮。停止跟踪后，横向时间轴不再增长。

如果要手动启动某个 App 的跟踪监控，就需要单击 SESSIONS 字样旁边的加号按钮，通过菜单选择要监视的程序即可。图 3.7 展示了手动启动的方法。

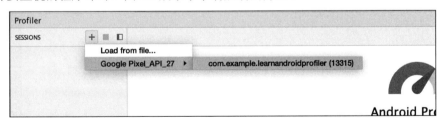

图 3.7　手动启动 Android Profiler 监控

需要说明的是，Android Profiler 支持多个程序监控，因此可以手动添加多个 App 到视图中。利用该特性，再加上停止监控后的程序并不会从左侧的 Sessions 列表中自动移除，甚至可以在多个相同 App 间切换。这样做特别有助于我们做修改前和修改后的运行对比。

如图 3.8 所示，分别监控了 3 个不同时间段 LearnAndroidProfiler 的运行状态。

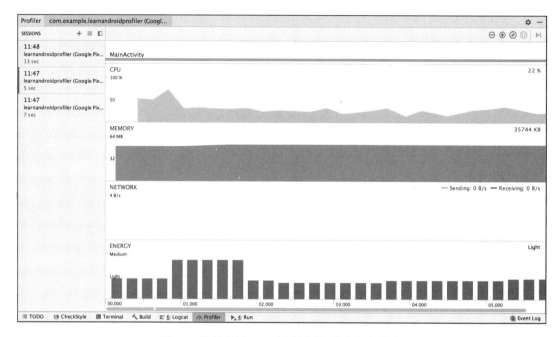

图 3.8　监控相同 App 在不同时间段的运行状态

## 3.1.5　Android Profiler 记录的保存和读取

有些时候，我们希望将 App 运行的结果保存下来，以便日后随时查看或提供给其他的程序使用。

Android Profiler 可以将 CPU 和内存的跟踪记录（对于 CPU 而言，保存的内容是运行跟踪记录；对于内存而言，保存的内容为堆转储。这里为表述方便，统一将其称为跟踪记录）保存下来。关于如何保存，我们将在 CPU Profiler 和 Memory Profiler 小节分别讲述，这里只详述如何读取。

假如现在有一个记录文件，名为 cpu_before_modify.trace。我们要载入这个保存的记录，首先单击 SESSIONS 字样旁边的加号按钮，然后选择 Load from file...，最后选择这个 trace 文件，确认载入，如图 3.9 所示。

由于该文件保存的是 CPU 使用图表，因此重新打开后还原了之前保存的运行情况。当然，如果保存的是内存使用图表，那么打开后将显示内存使用情况。

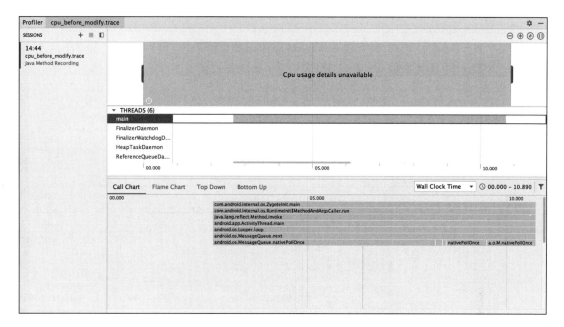

图 3.9　载入保存的 trace 文件

# 3.2　使用 CPU Profiler 分析 CPU 使用情况

在本节中，笔者将详细阐述 CPU Profiler 的使用。要知道，高负荷的 CPU 工作状态将导致设备高耗电和异常发热。借助该工具，可以发现 CPU 运行异常的情况，并找到代码的相应位置，进而对 App 进行优化。

## 3.2.1　CPU Profiler 支持记录的信息类型

总的来说，CPU Profiler 支持记录的信息类型有两大类。

一类是系统跟踪数据，在 Android Studio 中称为 Trace System Calls。这类信息的特点是较为精细，通常用于检查 App 与 System 之间的交互操作。该类型的跟踪建立在 Systrace 上，我们可以使用 trace.h 提供的 API 检测 C/C++代码或使用 Trace 类检测 Java 代码。

另一类是方法和函数跟踪数据，在 Android Studio 中有 Sample Java Methods、Trace Java Methods 以及 Sample C/C++ Functions。我们从名称上就可以清楚地得知这 3 种方式的跟踪对象。这 3 种方式的跟踪可以提供方法间的调用关系，还可以获取每个方法的运行耗时以及 CPU 使用率，通常用于优化方法的重复调用，或者方法内部本身的算法。需要注意的是，Sample

C/C++ Functions 需要设备的操作系统不低于 API Level 26（Android 8.0）。

### 3.2.2　认识和使用 CPU Profiler 图表

图 3.10 是 CPU Monitor 视图的示例，当我们从 Android Profiler 视图切换到 CPU Profiler 视图时，通常会看到这样的显示。

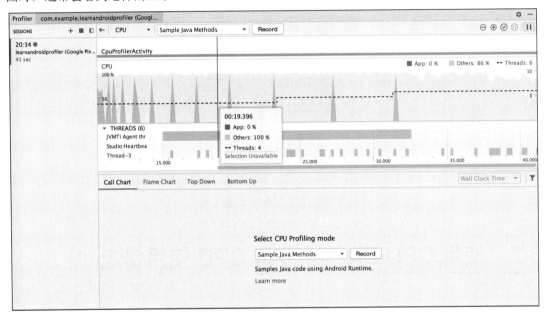

图 3.10　CPU Monitor 视图

可以看到，这个视图由左右两部分构成，右侧的部分由上下两部分构成。

- 左侧是多个SESSIONS的列表。
- 右侧上半部分是图表。仔细观察这个图表，我们会发现，这里不仅有App本身的CPU使用情况，还有位于最上方的事件图，这个事件图包含当前位于前台的Activity、触摸事件、屏幕旋转事件等，还有其他程序使用CPU的情况以及线程信息。我们可以通过放大整个右侧上半部分区域的尺寸，更方便直观地获取想要看到的内容。
- 右侧下半部分则是选择开启跟踪的开关区域，我们可以通过下拉菜单选择要跟踪的类别，然后单击Record按钮即可。

图 3.11 所示是一个 CPU Profiler 分析结果的示例。

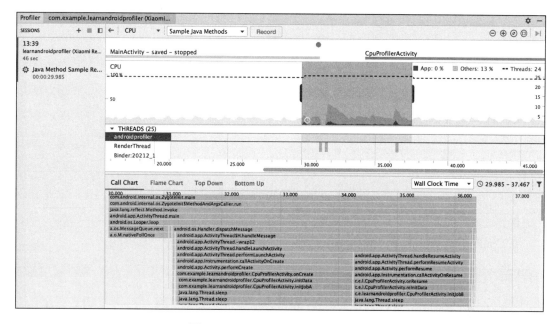

图 3.11　CPU Monitor 分析结果视图

仔细对比图 3.10 和图 3.11，我们发现，图 3.11 记录了 Activity 的跳转，即从 MainActivity 跳转到了 CpuProfilerActivity。根据图上的小圆点，还可以得知该跳转是通过用户手动点击屏幕触发的。

在图 3.11 的 CPU 使用率图表中，可以看到一个有底色的范围。这个范围代表 CPU 跟踪的开始和结束，范围内执行代码的详细状况映射在下半部分，这部分区域是我们在做分析时重点关注的部分。

右侧下半部分有 4 个选项卡，分别为 Call Chart、Flame Chart、Top Down 和 Bottom Up，分别对应 4 种视图方式。

Call Chart 以图形方式显示在被跟踪的时间范围内执行的方法，根据方法类型的不同，显示为不同的颜色。在默认的配色方案中，绿色表示 App 自有方法，我们在查找问题对应的代码位置时，一旦找到了绿色的部分，就意味着距离问题代码不远了；橙色代表 Android 系统方法；蓝色代表第三方和 JDK 本身的方法。

Flame Chart 也是一种以图形方式显示在被跟踪的时间范围内执行的方法的视图，它和 Call Chart 的不同之处在于：Call Chart 在横向表示时间，在纵向表示时间段内的被调用方法；Flame Chart 则是一个倒置的调用图表，它将相同的方法所花的时间汇总起来。此外，在默认的配色方案中，以浅黄色表示 App 自有方法；深黄色表示第三方和 JDK 本身的方法；浅红色表示 Android 系统方法。如图 3.12 所示，Flame Chart 的横轴并不代表时间，它代表执行每个方法或函数所需的相对时间。

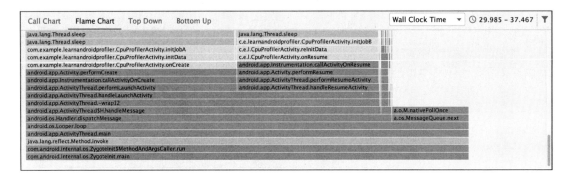

图 3.12　Flame Chart 标签视图示例

讲到这，可能你还是对这两种图表的区别有疑问，下面我们举个例子来说明。

在 CpuProfilerActivity 类中添加如下代码：

```
private void initData() {
    initJobA(true);
    initJobC();
}
private void initJobA(boolean ifNeedJobB) {
    try {
        Thread.sleep(500);
    } catch (InterruptedException e) {
        e.printStackTrace();
    }
    if (ifNeedJobB) {
        initJobB();
    }
}
private void initJobB() {
    try {
        Thread.sleep(250);
    } catch (InterruptedException e) {
        e.printStackTrace();
    }
}
private void initJobC() {
    initJobA(true);
    initJobA(true);
    initJobA(false);
}
```

在 onCreate()方法中调用 initData()。现在，无须理清上面代码中的具体调用关系，直接使用 CPU Profiler 来帮我们搞定。反过来，对于从未阅读过的代码，只需要使用 CPU Profiler 就可以较为精准地发现问题和定位问题所在的代码位置。

图 3.13 所示是 Call Chart 标签视图，由该图可以轻松地按照时间先后的顺序看出方法间的调用时序。很明显，initJobA()被执行了 4 次，initJobB()被执行了 3 次。

| | | | | | |
|---|---|---|---|---|---|
| android.app.Activity.performCreate | | | | | |
| com.example.learnandroidprofiler.CpuProfilerActivity.onCreate | | | | | |
| com.example.learnandroidprofiler.CpuProfilerActivity.initData | | | | | |
| c.e.l.C.initJobA | com.example.learnandroidprofiler.CpuProfilerActivity.initJobC | | | | |
| j.l.Thread.sleep | initJobB | com.example.learnandroidprofiler.CpuProfilerActivity.initJobA | | | |
| j.l.Thread.sleep | sleep | j.l.Thread.sleep | initJobB | j.l.Thread.sleep | initJobB | j.l.Thread.sleep |
| j.l.Thread.sleep | sleep | j.l.Thread.sleep | sleep | j.l.Thread.sleep | sleep | j.l.Thread.sleep |

图 3.13    Call Chart 标签视图

图 3.14 所示是 Flame  Chart 标签视图，由该图可以轻松地看出方法间的调用关系和时序无关。很明显，在 initJobC()方法中，initJobA()的执行时间是 initData()方法中的 3 倍。

| | | | |
|---|---|---|---|
| java.lang.Thread.sleep | | j.l.Thread.sleep | j.l.Thread.sleep | sleep |
| java.lang.Thread.sleep | | c.e.l.C.initJobB | j.l.Thread.sleep | sleep |
| com.example.learnandroidprofiler.CpuProfilerActivity.initJobA | | j.l.Thread.sleep | initJobB |
| com.example.learnandroidprofiler.CpuProfilerActivity.initJobC | | c.e.l.C.initJobA |
| com.example.learnandroidprofiler.CpuProfilerActivity.initData | | |
| com.example.learnandroidprofiler.CpuProfilerActivity.onCreate | | |
| android.app.Activity.performCreate | | |

图 3.14    Flame Chart 标签视图

Top Down 标签视图是一个调用列表，它以树形结构显示整个方法的执行时间（Total），其中包括方法本身的执行时间（Self）以及子方法本身的执行时间（Children）。图 3.15 是 Top Down 标签视图的示例，可以简单地认为：Top Down 视图是 Flame Chart 视图的树形表示形式。

| Call Chart    Flame Chart    **Top Down**    Bottom Up | | | | | | Wall Clock Time ▾  ⏱ 29.985 – 37.467  ▼ | | |
|---|---|---|---|---|---|---|---|---|
| Name | Total (µs) | % | Self (µs) | % | Children (µs) | % |
| ▼ ⓜ main() () | 6,322,124 | 100.00 | 2 | 0.00 | 6,322,122 | 100.00 |
| ▼ ⓜ main() (com.android.internal.os.ZygoteInit) | 6,322,122 | 100.00 | 1 | 0.00 | 6,322,121 | 100.00 |
| ▼ ⓜ run() (com.android.internal.os.ZygoteInit$MethodAndArgsCaller) | 6,322,121 | 100.00 | 1 | 0.00 | 6,322,120 | 100.00 |
| ▼ ⓜ invoke() (java.lang.reflect.Method) | 6,322,120 | 100.00 | 1 | 0.00 | 6,322,119 | 100.00 |
| ▼ ⓜ main() (android.app.ActivityThread) | 6,322,119 | 100.00 | 1 | 0.00 | 6,322,118 | 100.00 |
| ▼ ⓜ loop() (android.os.Looper) | 6,322,118 | 100.00 | 1 | 0.00 | 6,322,117 | 100.00 |
| ▼ ⓜ dispatchMessage() (android.os.Handler) | 5,226,315 | 82.67 | 0 | 0.00 | 5,226,315 | 82.67 |
| ▼ ⓜ handleMessage() (android.app.ActivityThread$H) | 5,072,386 | 80.23 | 0 | 0.00 | 5,072,386 | 80.23 |
| ▼ ⓜ –wrap12() (android.app.ActivityThread) | 5,054,441 | 79.95 | 0 | 0.00 | 5,054,441 | 79.95 |
| ▼ ⓜ handleLaunchActivity() (android.app.ActivityThread) | 5,054,441 | 79.95 | 0 | 0.00 | 5,054,441 | 79.95 |
| ▶ ⓜ performLaunchActivity() (android.app.ActivityThre | 3,034,322 | 48.00 | 0 | 0.00 | 3,034,322 | 48.00 |
| ▶ ⓜ handleResumeActivity() (android.app.ActivityThre | 2,014,627 | 31.87 | 0 | 0.00 | 2,014,627 | 31.87 |

图 3.15    Top Down 标签视图

Bottom Up 标签视图按照方法所占 CPU 时间的多少来排序。

如图 3.16 所示，使用 Bottom Up 视图，可以通过耗时情况逐步排查到具体的耗时方法。

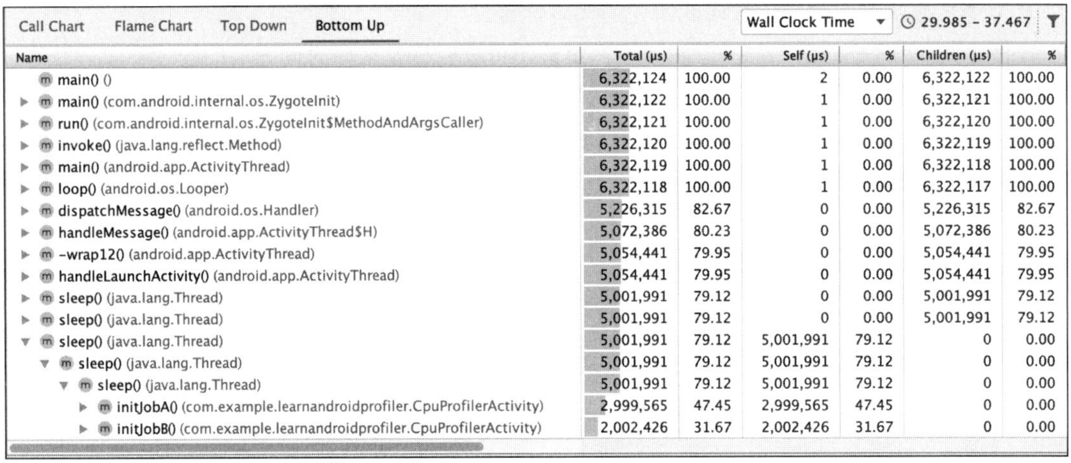

| Call Chart | Flame Chart | Top Down | **Bottom Up** | | Wall Clock Time ▼ | ⏱ 29.985 – 37.467 | ▼ |
|---|---|---|---|---|---|---|---|
| Name | | | | Total (μs) | % | Self (μs) | % | Children (μs) | % |
| ⓜ main() () | | | | 6,322,124 | 100.00 | 2 | 0.00 | 6,322,122 | 100.00 |
| ▶ ⓜ main() (com.android.internal.os.ZygoteInit) | | | | 6,322,122 | 100.00 | 1 | 0.00 | 6,322,121 | 100.00 |
| ▶ ⓜ run() (com.android.internal.os.ZygoteInit$MethodAndArgsCaller) | | | | 6,322,121 | 100.00 | 1 | 0.00 | 6,322,120 | 100.00 |
| ▶ ⓜ invoke() (java.lang.reflect.Method) | | | | 6,322,120 | 100.00 | 1 | 0.00 | 6,322,119 | 100.00 |
| ▶ ⓜ main() (android.app.ActivityThread) | | | | 6,322,119 | 100.00 | 1 | 0.00 | 6,322,118 | 100.00 |
| ▶ ⓜ loop() (android.os.Looper) | | | | 6,322,118 | 100.00 | 1 | 0.00 | 6,322,117 | 100.00 |
| ▶ ⓜ dispatchMessage() (android.os.Handler) | | | | 5,226,315 | 82.67 | 0 | 0.00 | 5,226,315 | 82.67 |
| ▶ ⓜ handleMessage() (android.app.ActivityThread$H) | | | | 5,072,386 | 80.23 | 0 | 0.00 | 5,072,386 | 80.23 |
| ▶ ⓜ ~wrap12() (android.app.ActivityThread) | | | | 5,054,441 | 79.95 | 0 | 0.00 | 5,054,441 | 79.95 |
| ▶ ⓜ handleLaunchActivity() (android.app.ActivityThread) | | | | 5,054,441 | 79.95 | 0 | 0.00 | 5,054,441 | 79.95 |
| ▶ ⓜ sleep() (java.lang.Thread) | | | | 5,001,991 | 79.12 | 0 | 0.00 | 5,001,991 | 79.12 |
| ▶ ⓜ sleep() (java.lang.Thread) | | | | 5,001,991 | 79.12 | 0 | 0.00 | 5,001,991 | 79.12 |
| ▼ ⓜ sleep() (java.lang.Thread) | | | | 5,001,991 | 79.12 | 5,001,991 | 79.12 | 0 | 0.00 |
| ▼ ⓜ sleep() (java.lang.Thread) | | | | 5,001,991 | 79.12 | 5,001,991 | 79.12 | 0 | 0.00 |
| ▼ ⓜ sleep() (java.lang.Thread) | | | | 5,001,991 | 79.12 | 5,001,991 | 79.12 | 0 | 0.00 |
| ▶ ⓜ initJobA() (com.example.learnandroidprofiler.CpuProfilerActivity) | | | | 2,999,565 | 47.45 | 2,999,565 | 47.45 | 0 | 0.00 |
| ▶ ⓜ initJobB() (com.example.learnandroidprofiler.CpuProfilerActivity) | | | | 2,002,426 | 31.67 | 2,002,426 | 31.67 | 0 | 0.00 |

图 3.16　Bottom Up 标签视图

CPU Profiler 提供了快速跳转到源码的方法，无论是上述 4 种标签视图的哪一种，都可以通过 Jump to Source 实现，如图 3.17 所示。

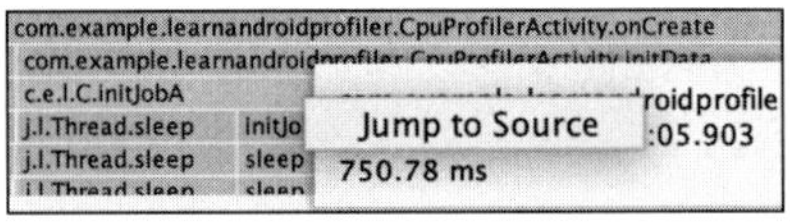

图 3.17　快速跳转到源码

当然，要实现快速跳转的前提是拥有相应版本的源代码。

## 3.2.3　使用 CPU Profiler 破解掉帧难题

接下来，介绍 CPU Profiler 的最后一个知识点——分析 App 掉帧问题。

众所周知，Android 系统定义每秒 60 帧为"流畅"。每隔 16ms，Android 系统会发出 vsync 信号，触发 UI 渲染。如果每次渲染都能及时成功地完成，就能达到流畅的要求。

实际上，每秒 60 帧对于流畅的定义是绰绰有余的。当每秒连续帧数不低于 24 帧时，人眼几乎是感受不到卡顿的。人们在拍摄电影时，电影胶圈的帧率就是 24 帧。回想一下，我们看电影时，会感觉图像是在播放幻灯片吗？

但是，即便如此，在使用某些 App 时，快速滑动或连续点击，偶尔还是会感受到"卡顿"现象。这是因为发生卡顿的时刻，帧数已经低到人眼能够觉察出不顺畅的地步了。

另一方面，对于不同性能的设备，即使是相同的 App，运行起来也会存在性能差异。比如，对同一个游戏，某些设备可以实现 60 帧满帧运行。差一点的设备可以实现 40 帧左右稳定运行。注意，这个时候虽然发生了掉帧，但是人眼几乎感觉不到，所以还会认为游戏是流畅运行的。但还有一些设备就比较悲惨了，它有时可以 30 帧左右运行，有时会下降到 15 帧。这就会给人一种有时流畅有时卡顿的感觉。

所以，为什么 Android 系统被设计为 60 帧呢？笔者妄自推测，如果设计成 30 帧，也许那些 40 帧稳定运行的设备在发生掉帧时，损失的画面更多。打个比方，假如某个游戏中，游戏人物的动作在 60 帧运行时由 2 帧呈现。当卡顿发生时，丢失了 1 帧，玩家看到的结果将是动作的一半丢失了；而一旦换作 30 帧，由于游戏人物执行动作的时间不变，呈现时就会以 1 帧来完成。当卡顿发生时，该帧丢失，玩家将彻底无法看到游戏人物执行动作。这就使得之前大部分能流畅运行的设备成为大部分无法流畅运行的设备。当然，这里的例子比较极端。

这种现象为开发者和测试人员提了一个醒，在使用高性能的设备开发和测试时，不如同时使用一些配置较低的设备，这些设备所体现出的问题往往是经过压力测试才能显现的问题。

那么，我们怎样才能发现那些在 30~60 帧之间的掉帧现象呢？这就要使用 CPU Profiler 中的 Trace System Calls 方式了。

现在，在 CpuProfilerActivity 中添加一个按钮和进度条，功能是当用户单击这个按钮时，进度条以 16ms 的频率增加进度，整体进度为 100，递增步进为 1。界面布局代码如下：

```xml
<?xml version="1.0" encoding="utf-8"?>
<LinearLayout xmlns:android="http://schemas.android.com/apk/res/android"
    xmlns:tools="http://schemas.android.com/tools"
    android:layout_width="match_parent"
    android:layout_height="match_parent"
    android:gravity="center"
    android:orientation="vertical"
    android:padding="10dp"
    tools:context=".CpuProfilerActivity">
    <TextView
        android:layout_width="wrap_content"
        android:layout_height="wrap_content"
        android:layout_gravity="center_horizontal"
        android:text="@string/activity_cpu_profiler_welcome" />
    <Button
        android:id="@+id/activity_cpu_profiler_toggle_job_btn"
        android:layout_width="wrap_content"
        android:layout_height="wrap_content"
        android:layout_marginTop="10dp"
        android:text="@string/activity_cpu_profiler_pb_go" />
    <ProgressBar
```

```
        android:id="@+id/activity_cpu_profiler_demo_pb"
        style="?android:attr/progressBarStyleHorizontal"
        android:layout_width="match_parent"
        android:layout_height="wrap_content"
        android:padding="10dp" />
</LinearLayout>
```

Java 代码关键逻辑如下：

```
private void initView() {
...
toggleJobBtn.setOnClickListener(new View.OnClickListener() {
    @Override
    public void onClick(View v) {
        togglePbRun();
    }
});
}
private void togglePbRun() {
toggleJobBtn.setEnabled(false);
threadRun = true;
pbCurrent = 0;
demoPb.setProgress(pbCurrent);
new Thread(new Runnable() {
    @Override
    public void run() {
        while (threadRun) {
            try {
                Thread.sleep(1000 / 60);
            } catch (InterruptedException e) {
                e.printStackTrace();
            }
            if (pbCurrent > PB_MAX) {
                pbCurrent = 0;
            } else {
                pbCurrent++;
            }
            Message msg = new Message();
            msg.what = UPDATE_HANDLER_KEY;
            mUiHandler.sendMessage(msg);
        }
```

```
    }
}).start();
}
class UIHandler extends Handler {
@Override
public void handleMessage(@NonNull Message msg) {
    super.handleMessage(msg);
    switch (msg.what) {
        case UPDATE_HANDLER_KEY:
            demoPb.setProgress(pbCurrent);
            break;
    }
}
}
```

单击界面上的按钮后，启动 CPU Profiler 跟踪，几秒后停止，观察跟踪结果，如图 3.18 所示。

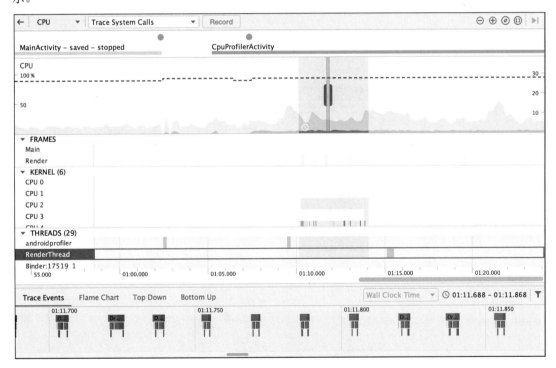

图 3.18　流畅运行的分析结果

由于代码中要求每隔 16ms 左右更新进度条，刚好符合 60 帧流畅运行的要求。当我们切换到 RenderThread 线程后，看到的就是 16ms 左右有渲染界面的操作，运行流畅，无掉帧。

接下来，使用 Android SDK 中自带的模拟器来运行上面的代码，笔者的计算机购置于 2015年，已经无法生龙活虎地跑模拟器了，但在运行时看起来还算顺畅，笔者严重怀疑它根本不是以 60 帧在运行，决定采用 CPU Profiler 来一探究竟，如图 3.19 所示。

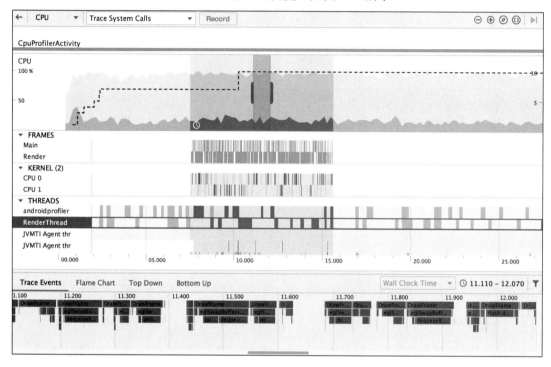

图 3.19　模拟掉帧运行的分析结果

不出所料，在帧类别处，大量红色的掉帧警报以及下方的 Trace Events 视图中恐怖的帧渲染时长表明 App 掉帧很严重。想象一下，如果你开发的 App 发生上面的状况，用户侧的体验就会大打折扣了。

接下来，就是找到代码的具体位置了。

可以通过放大来看帧类别中红色掉帧警报处对应 androidprofiler 线程的 Trace Events，放大后的红色警报内部还会显示具体的时间消耗，如图 3.20 所示。

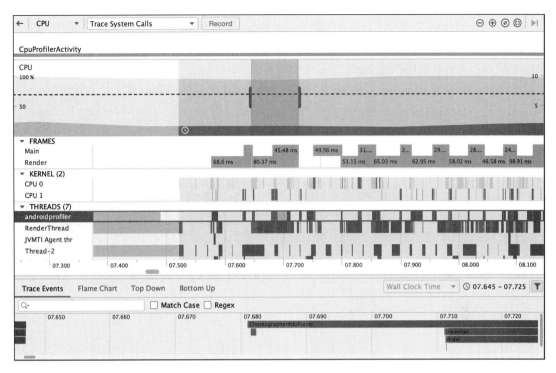

图 3.20　放大后的掉帧分析图

可以看到，androidprofiler 线程中全部都是 Android 系统自身的方法。所以对于本例，我们已经无法在 App 层面去优化了。

# 3.3　使用 Memory Profiler 分析内存使用情况

在上一节中，我们讲解了 CPU Profiler 的用法。这一节介绍 Memory Profiler，也就是内存的优化。

## 3.3.1　为什么要做内存优化分析

讲到内存优化分析，主要是解决内存泄漏的问题。

作为使用者，当内存发生泄漏时，可能不会立即感知出问题。大部分的内存泄漏事件并不能很快导致 App 运行异常，而是随着使用时间变长，问题才会慢慢显现出来。内存泄漏的直接后果就是导致过多的 GC（垃圾回收）行为，因为发生内存泄漏时，本该回收的内存无法被回收。此时，即使 App 并未处于前台活动状态，仍会持有相应的对象。当然，在某些配置较高的设备上，发生卡顿、发热的现象较低性能的设备来得更晚，但这并不能成为合理化的理由。此外，一旦某个 App 的内存占用量过大，还会导致可用内存量降低。不但 App 本身有被系统终止运行的风险，还间接影响其他 App。

正如前文所述，在发生内存泄漏时，由于无法从表象上立即感知，无论对于测试者或开发者而言，只从现象或代码上观察并不能很快地定位问题。但是，可以使用 Memory Profiler，通过图表、数据抓出导致内存泄漏的元凶，从而规避相应的潜在风险。

### 3.3.2　认识 Memory Profiler

打开 Android Profiler 中的 Memory 视图，可以看到如图 3.21 所示的界面。

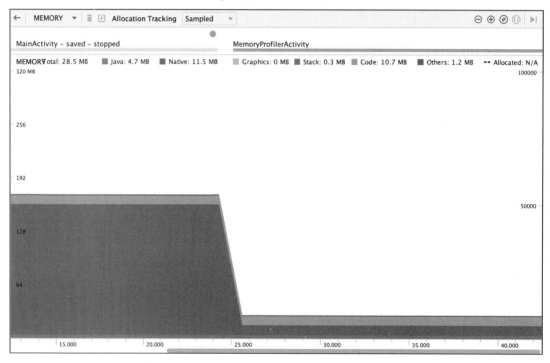

图 3.21　API Level 26 及以上版本的 Memory Profiler 视图

从图 3.21 中可以读出，App 通过用户单击，发生了 Activity 跳转。

仔细观察图 3.21，在左上角区域有两个按钮和一个下拉菜单。形似垃圾箱的图标按钮可以触发垃圾回收事件，可以点击该按钮强制执行垃圾回收；在它旁边的按钮可以捕获堆转储，可以点击该按钮获取堆转储信息；名为 Allocation Tracking 的下拉菜单用于指定 Memory Profiler 捕获内存分配的频率，合适的选项可以提高分析过程中 App 的执行性能，默认值为 Sampled，意思是定期对内存中的对象分配进行采样。此外，还有 Full 和 Off 可选，Full 的意思是捕获内存中的所有对象分配，在 Android Studio 3.2 或更低的版本中，该选项为默认值。当我们选为 Full 时，一旦 App 运行中分配了大量的对象，相应的时刻就有可能会发生卡顿掉帧现象；Off 则表示停止跟踪内存的应用分配。

在上述按钮和菜单下面是用来表示事件的时间轴，和 CPU Profiler 中相应的视图组件功能一致，这里就不再赘述了。

在事件时间轴下方则是用来表示内存用量的时间轴。整个图表根据不同的内存使用类别呈堆叠显示，对应的颜色含义及当前值可以在顶部找到。左侧的纵轴表示内存占用量；右侧的纵轴表示相应的对象分配数量。当有 GC 时间发生时，还会在图表中看到形似垃圾桶的图标。

在内存用量时间轴图表中，有 8 种内存使用类型，分别以不同颜色表示，它们表示的含义如下：

- Total是所有后面几种使用类型的合计。
- Java是由所有Java或Kotlin代码分配的对象所占用的内存。
- Native是由所有C或C++代码分配的对象所占用的内存，要特别注意的是，这部分数据包含Android App框架自身使用的原生内存。因此，如果我们的App并没有使用C/C++，仍会在此处看到大于0的计数，这是完全正常的。
- Graphics表示用于图形缓冲区所使用的内存。
- Stack表示用于Java和Native层堆栈所使用的内存。
- Code表示用于处理代码和资源所使用的内存。
- Others是除了上述几种类型外的其他内存用量。
- Allocated表示Java和Kotlin代码分配的对象数，该数值通常在Allocation Tracking选为 Full 时有值。

要特别注意的是，如果读者正在使用 API Level 25（Android 7.1）及以下版本的设备，就需要先手动启用高级分析，再部署到设备上，才能正常使用 Memory Profiler 的各项跟踪功能。关于如何启用高级分析，在 CPU Profiler 小节中已有提及，这里不再重复了。

### 3.3.3　启动内存跟踪

对于 API Level 26（Android 8.0）及以上的设备，无须手动启动跟踪，默认情况下是开启的。对运行低版本 Android 操作系统的设备，需要手动启动跟踪。

如图 3.22 所示，对于运行低版本的 Android 设备，在 Allocation Tracking 位置有一个 Record 按钮。对于低版本的 Android 设备，虽然看上去和高版本的图表无异，但只有单击了 Record 按钮并 Stop 后，才能查看相应的时间段的内存分配情况。对于低版本的 Android 设备而言，将以 Full 的方式跟踪内存，因此并没有 Allocation Tracking 菜单。

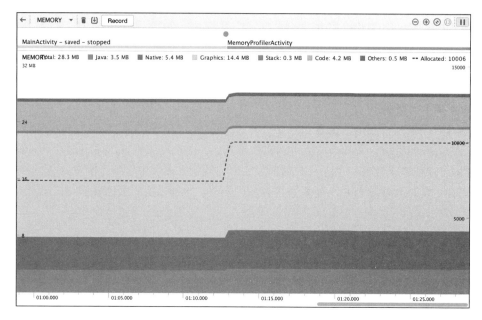

图 3.22　API Level 26 以下版本的 Memory Profiler 视图

　　此外，运行低版本 Android 系统的设备最多只能记录 65535 个分配，一旦超出限制，最早的记录将被移除。运行高版本 Android 系统的设备还会记录分析工具本身的内存用量，这些没有帮助的信息将在以后的 Android Studio 版本中得到过滤。

　　图 3.23 和图 3.24 分别是低版本和高版本的 Android 设备对同一 App 的相同操作的内存记录结果。

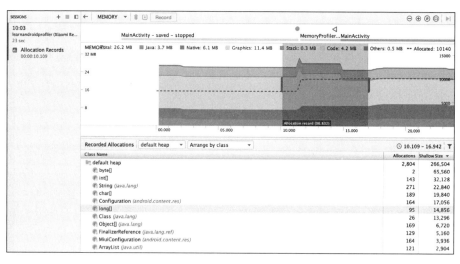

图 3.23　在低版本的 Android 设备中捕获内存分配

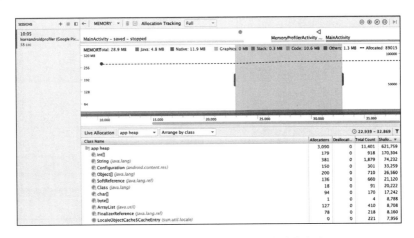

图 3.24　在高版本的 Android 设备中查看内存分配

### 3.3.4　使用 Memory Profiler 破解内存泄漏难题

接下来，尝试使用 Memory Profiler 解决一个实际的内存泄漏问题。

我们会在 MemoryProfilerActivity 中添加一些代码，反复进出这个 Acitivity，使其发生内存泄漏事件，并使用 Memory Profiler 工具找到相应的对象。现在，趁着 MemoryProfilerActivity 没有任何内容，先来看看正常情况下反复进出该 Activity 是怎样的结果。我们将反复进出 Activity 的操作重复 5 次，之后强制 GC，然后捕获堆转储信息。

图 3.25 展示了正常情况下的内存使用情况。

作为对比，下面再次以相同的方式进行操作。这一次，MemoryProfilerActivity 内的代码会发生内存泄漏事件，如图 3.26 所示。

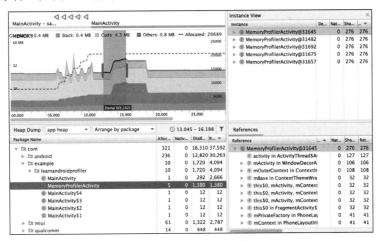

图 3.25　未发生内存泄漏时的内存使用情况

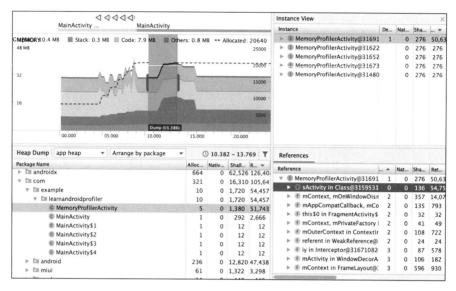

图 3.26　发生内存泄漏时的内存使用情况

图 3.26 是发生内存泄漏时的内存状态，很明显，MemoryProfilerActivity 实例中，sActivity
对象是发生内存泄漏的源头。因此，只需回到 MemoryProfilerActivity 代码中找到 sActivity 对
象，并修改它即可。下面是 MemoryProfilerActivity 的完整代码：

```java
public class MemoryProfilerActivity extends AppCompatActivity {
    private static Activity sActivity;
    @Override
    protected void onCreate(Bundle savedInstanceState) {
        super.onCreate(savedInstanceState);
        setContentView(R.layout.activity_memory_profiler);
        findView();
        initView();
        initData();
    }
    private void findView() {
    }
    private void initView() {

getSupportActionBar().setTitle(getResources().getString(R.string.activity_me
m_profiler_title));
    }
    private void initData() {
        sActivity = this;
```

```
        }
    }
```

显而易见，sActivity 变量被声明成 static，Activity 中的静态变量不会随着 Activity 的退出而销毁，极有可能造成内存溢出。

判断 Activity 是否内存溢出有个规律，如果某个 Activity 实例的 Shallow Size 和 Retained Size 在退出后数值较小且相等，基本可以判定该 Activity 没有发生内存泄漏事件。此时，系统已经认为它不会被用到，也没有保留之前分配的内存。在图 3.8 中，最后的界面停在 MainActivity，MemoryProfilerActivity 已经退出，但其 Shallow Size 值为 1380，Retained Size 值为 51743，这二者的数值并不算小，且不相等。

作为对比，回到 MainActivity 后，再次按返回键回到系统桌面，MainActivity 被销毁。此时获取堆数据，结果如图 3.27 所示。

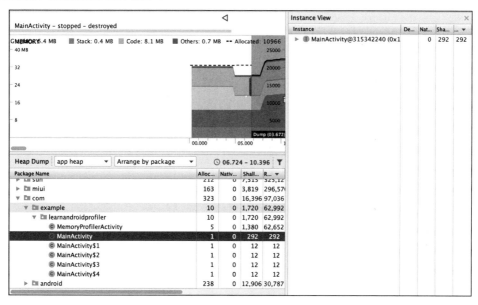

图 3.27　MainActivity 销毁后的内存用量

将图 3.27 和图 3.26 中的 MainActivity 实例相对比，很明显，在 MainActivity 销毁后，其 Shallow Size 和 Retained Size 很小且相等。因此，该 Activity 并未发生内存泄漏。

## 3.3.5　更高效地使用 Memory Profiler

至此，Memory Profiler 的内容已经结束了。但是，上述人为的方式反复进出 Activity 才能测试出问题未免低效了一些，而且仍有可能会有疏漏。有没有办法简化这个流程，并实现更好的覆盖呢？

答案是肯定的。

可以在代码中想办法增大压力，当然这并不适用于所有场景；还可以使用一段时间，再检查堆信息；另外，可以做一些人为的暴力测试，比如反复旋转屏，或者反复进入退出，等等，当然这都需要人为操作。

一种比较理想的方案是使用 MonkeyRunner 自动化测试工具，它可以模拟人为点击。我们可以通过编写 Python 代码使用 MonkeyRunner。关于如何使用 MonkeyRunner 属于测试流程，篇幅所限，这里不再展开详述。

# 3.4 使用 Network Profiler 分析网络流量

这一节中，我们介绍如何使用 Android Profiler 中的 Network Profiler 来分析网络流量。

我们都知道，无论是哪种类型的 App，只要涉及网络，其操作必然要有时间成本，加上用户在使用时，网络环境的不可控因素，这就要求我们的 App 在网络访问时具有强大的稳定性和性能。

如何优化网络交互的性能呢？

一方面，在编码之前的设计阶段，可以采取一些策略来提高网络性能。比如，当 Activity 发生跳转时，停止所有前一个 Activity 中非必要的网络操作，为新启动的 Activity 让路等（在后续的章节中，我们会对此进行详细说明）。

另一方面，在编码完成后的测试阶段，可以改变测试环境来评估网络性能，然后发现性能瓶颈。比如，可以关闭 4G 网络，用 3G 的速度进行测试，然后看看在哪个界面花费的等待时间最长等。

本节内容是针对网络传输速率和传输内容大小方面而言的。因此，可以精确地定位网络异常流量，并且能看到原始网络响应数据。

## 3.4.1 认识 Network Profiler 图表

与 CPU/Memory Profiler 相比，Network Profiler 简单多了，我们依旧结合 LearnAndroidProfier 工程来讲解。这一次，我们来到 NetworkProfilerActivity 界面，如图 3.28 所示，该 Activity 的功能是显示一张图片，这张图片来源于网络。

要跟踪网络用量，首先需要清除 App 数据以达到清除网络缓存的目的；其次需要在 NetworkProfilerActivity 启动之前启用 Android Profiler，以便记录完整的网络流量。

不出意外的话，我们获取到的网络跟踪情况类似图 3.29。可以看到，在发生 Activity 跳转后，App 有网络请求操作。

图 3.28　NetworkProfilerActivity 界面

　　对照图 3.29 中的图表，Network Profiler 的横轴表示时间。除了最上方的事件时间轴外，占面积最大的区域是网络交互图。它简单地将 App 内所有线程的发送和接收数据以黄色和蓝色的线来表示，左侧纵轴表示速度，右侧纵轴表示连接数。

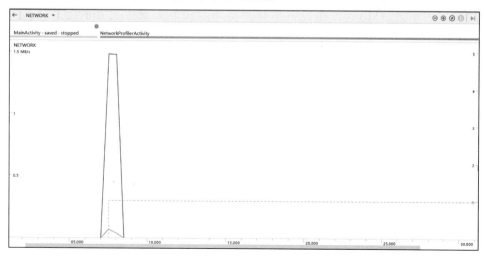

图 3.29　Network Profiler 视图

## 3.4.2　借助 Network Profiler 优化网络操作

对于本例，使用多于 2 秒的时间和最高近 1.5MB/s 的网络速率来加载图片太过耗时耗流量。于是我们接下来的任务就是看看这个时间段内 App 都做了什么，然后优化它。

使用鼠标拖选相应的范围，得到如图 3.30 所示的结果。

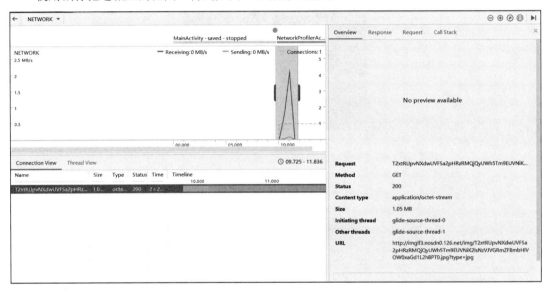

图 3.30　网络请求响应详情

很明显，App 内部使用一个连接进行加载图片的操作，但图片实在太大了（分辨率为 1680×1260，大小为 1MB），而设备本身并不需要加载如此大尺寸的图片（分辨率为 1280×720）。

接下来就是优化了，通过查看接口文档得知服务端可以接收多个值，用来代表返回图像的分辨率、质量等信息。换言之，客户端告知服务器需要多大尺寸和质量的图片，然后服务器通过转换返回相应的图片。

优化后重新运行 App，再次分析网络流量时我们发现：返回的图片尺寸已经变小，加载它花费的时间也减少了将近 1 秒，如图 3.31 所示。

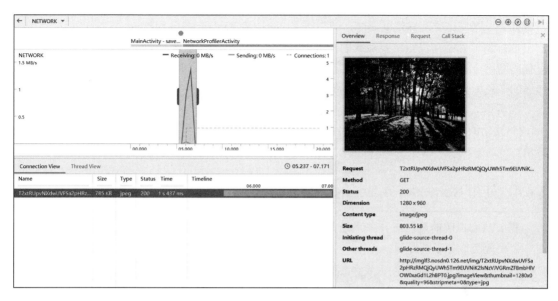

图 3.31　优化后的图片加载

### 3.4.3　借助 Network Profiler 解决网络疑难

借助 Network Profiler，除了可以帮助我们优化网络过渡使用的问题，还能帮我们处理关于网络的其他疑难。

切换到线程视图（Thread View），以线程而非连接的方式查看网络使用情况，一方面可以观察是否有多余的线程，另一方面还可以根据线程执行的时间顺序判断多个线程之间是否存在不合理的先后执行次序。

对于本例，当我们切换到线程视图后，其结果如图 3.32 所示。显然，App 内部使用了 Glide 图片框架，并启用了单个线程加载图片。

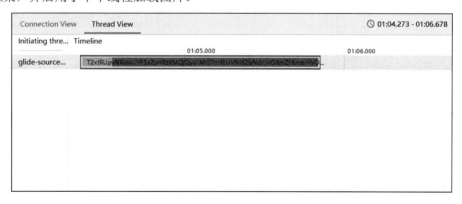

图 3.32　以线程方式查看网络使用情况

此外，当网络交互出现问题时，可以通过 Network Profiler 找到问题原因。

以本例来说明，假如将要加载的图片路径不小心搞错了，此时界面上是没有显示的。在没有任何网络分析工具前，要解决这类问题，通常使用的方法是在网络返回处输出 Log，从 Log 包含的信息中寻找答案。现在有了 Network Profiler，解决起来就更简单了。

回看图 3.31，可以看到在右侧有 4 个选项卡，分别为 Overview、Response、Request 和 Call Stack。其功能相信各位读者从它们的名称上就可以知晓，这里就不再赘述了，读者可自行切换查看。

### 3.4.4 使用 Network Profiler 的注意事项

需要特别说明的是，工具并不是万能的，当 Network Profiler 识别到未知的网络请求类型时，会出现类似如下的提示：

```
**Network Profiling Data Unavailable:** There is no information for the
network traffic you've selected.
```

截至目前，Network Profiler 兼容的网络连接库有 HttpURLConnection 和 OkHttp。如果读者的 App 使用了另外的库，就可能会遇到上述提示。当然，某些库虽然名称不同，但实质仍为它们二者其中的一种，比如本例中的 Glide 库。不过也不用太过担心，目前比较流行的网络请求库大部分还是以它们为基础的，因此在大多数情况下，Network Profiler 是可用的。

# 3.5 使用 Energy Profiler 分析电量使用情况

Energy Profiler 可以跟踪 App 的电量使用情况，根据跟踪的结果，我们可以发现异常耗电，从而减少不必要的耗电量。

总体上看，Energy Profiler 从 CPU、网络和 GPS 定位传感器的使用情况以及 AlarmManager、Wakelock、JobScheduler 和位置请求来统计应用耗电情况。

### 3.5.1 电池用量跟踪与其他类型跟踪的关系

看到这，读者可能会问：既然可以单独分析 CPU、内存和网络使用量，为什么到电量这里，又一次出现这些内容呢？

正所谓术业有专攻，在之前的单项分析中，无论是 CPU、内存还是网络，都无法直观地反映电量消耗。比如，CPU 图表表示出方法占用的 CPU 时间，但占用 CPU 时间并不意味着耗电量就会很大。示例中仅仅是调用了 Thread.sleep()让线程等待，并未执行大量计算，因此即便在运行时会出现卡顿、掉帧，但并不算是异常耗电。

类似地，内存图表主要用来分析内存占用，侧重点在内存泄漏；网络图表用来跟踪数据用量。也许它们间接地反映了耗电情况，但并不好统计，也不好分析。反过来，Energy Profiler 无法计算某个方法占用的 CPU 时间，也无法检测出内存泄漏，更没有办法观察网络交互数据，它只是根据设备各部件的工作情况来估算耗电量。

本节我们会使用 LearnAndroidProfiler 工程模拟 App 异常耗电，并尝试使用 EnergyProfiler 检测它。需要特别注意的是，本小节的学习需要 Android 设备运行 API Level 26（Android 8.0）及以上版本的操作系统。

## 3.5.2 认识和使用 Energy Profiler 耗电图表

从 Android Profiler 视图中进入 Energy Profiler 视图，可以看到 App 耗电柱状图，如图 3.33 所示。

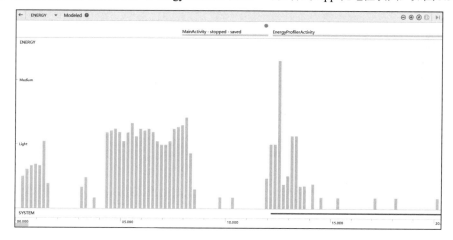

图 3.33　Energy Profiler 耗电柱状图

和前面讲述过的 CPU、内存、网络图表结构类似，整个耗电图中，水平方向上，横轴表示时间；垂直方向上，从上到下依次是事件图、App 耗电图和系统耗电图。在 App 耗电图中，纵轴表示耗电程度，柱形越高，表示耗电量越大。系统耗电图在这里并非指所有由 Android 系统本身造成的耗电，而是在 App 内部，由于使用某个系统服务造成的耗电，比如 AlarmManager、WakeLock 等。当玫红色的直线出现时，通常表示有这样的服务在耗电。

在分析具体问题时，可以用鼠标拖曳 App 耗电图中的范围来获取相应时间段内的耗电详情。

这一次，我们在 EnergyProfilerActivity 中获取 WakeLock 锁，具体代码如下：

```java
public class EnergyProfilerActivity extends AppCompatActivity {
    private PowerManager.WakeLock wakeLock;
```

```
@Override
protected void onCreate(Bundle savedInstanceState) {
    super.onCreate(savedInstanceState);
    setContentView(R.layout.activity_energy_profiler);
    initData();
}
private void initData() {
    acquireWakeLock();
}
private void acquireWakeLock() {
    if (wakeLock == null) {
        PowerManager pm = (PowerManager)
this.getSystemService(Context.POWER_SERVICE);
        if (pm != null) {
            wakeLock = pm.newWakeLock(PowerManager.PARTIAL_WAKE_LOCK,
"LearnAndroidProfiler::EnergyProfilerDemo");
            if (null != wakeLock) {
                wakeLock.acquire(10 * 60 * 1000L);
            }
        }
    }
}
```

运行 App，启动 Android Profiler，然后切换到 EnergyProfilerActivity。此时，选取 Enegy Profiler 耗电图中对应的范围，如图 3.34 所示。

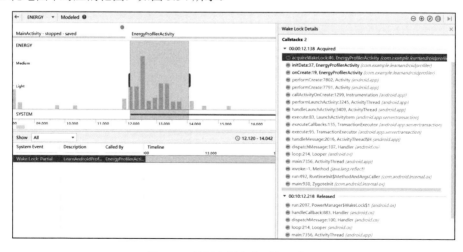

图 3.34    从耗电图中找到代码位置

耗电原因和具体的代码位置一目了然。

退出 App（并非强制停止或从最新任务中移除）回到主屏幕，发现所有的 Activity 都已经不再活动了，但 System 一直在耗电。使用相同的方法选中我们认为耗电异常的范围，分析后得知，刚刚获取的 WakeLock 锁没有被释放。

如图 3.35 所示，设备在 Activity 退出后一直保持唤醒状态。很明显，这是异常耗电的情况。

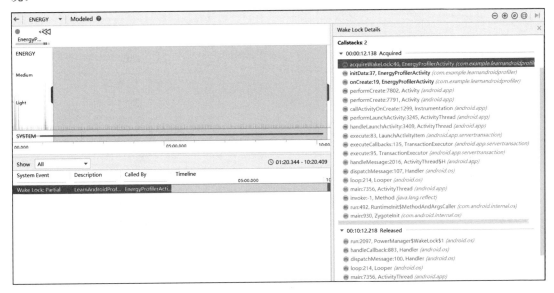

图 3.35　反映异常耗电现象的图表

回看代码，在 onDestroy()方法中释放 WakeLock 锁即可，具体添加的代码如下：

```
@Override
protected void onDestroy() {
    super.onDestroy();
    releaseWakeLock();
}
private void releaseWakeLock() {
    if (wakeLock != null) {
        wakeLock.release();
        wakeLock = null;
    }
}
```

再次使用 EnergyProfiler 跟踪电量使用情况，得到如图 3.36 所示的结果。

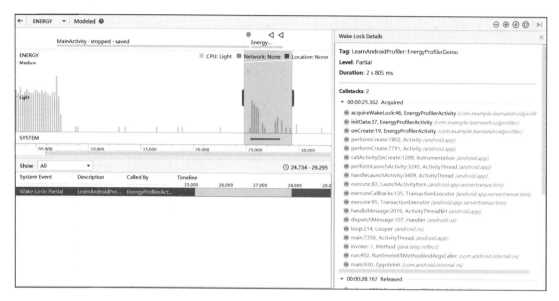

图 3.36　正确使用 WakeLock 的耗电图表

很明显，WakeLock 锁随着 EnergyProfilerActivity 的结束而释放，退出 App 后系统不再耗电，问题解决。

### 3.5.3　正确理解 Energy Profiler 耗电图表的原则

需要注意的是，本例分析的是系统耗电。对于 App 本身的耗电情况，需要观察 App 耗电图。此外，判断耗电异常情况需要结合不同类型 App 的功能特性。

比如即时消息类 App，需要和服务器保持连接，所以可能会有发送心跳包的情况；或某些游戏正在挂机状态，屏幕保持常亮并需时刻和网络连接。

对于前一种情况，App 置于后台之后，若出现与图 3.35 类似的图表，则明显是一种异常耗电的情况，因为即使有发送心跳包的操作，也不会如此持续耗电，而应有规律的间隔耗电。同理，该特征也适用于闹钟或者运用 JobScheduler、AlarmManager 的 App。

对于后一种情况，由于需要持续绘图和网络交互，因此 App 耗电图可能会有波动。但要特别注意一些合理性的问题，比如挂机状态通常需要比在线玩时更省电，如果在切换状态后发现游戏在挂机时反而更耗电，就很可能是一种电池滥用行为，需要看看代码了。同理，该特征也适用于视频类 App、音频类 App，还有下载工具，等等。

# 第 **4** 章

# 高质量的 App 从架构开始

如果说，前 3 章介绍的是一个 App 产品最后的优化阶段，那么从本章开始，我们回到起点，从最开始的架构谈起。

俗话说："好的开始是成功的一半"，在软件开发领域同样适用。有过从 0 开始的开发经历的工程师或者项目管理者应该深有体会，甚至还拥有以血泪换取的宝贵经验。从客观现实上讲，Android App 数量庞大，类型多样。不同的 App 在搭建其架构的时候也会有所区别，对于小型工程，考虑到开发的成本，甚至不会用到完整的架构组件；对于大型工程，不仅需要用到较多的架构组件，甚至还会分模块，以插件化的形式组织代码。

但无论怎样，其核心思想是一致的，即分离关注点以及使用模型驱动界面；其目的也是一致的，即降低开发成本，易于日后维护。

那么，什么是分离关注点？何为"模型"？我们具体应该怎么做呢？学习完这一章，相信你会找到答案。

## 4.1 还原移动设备真实使用场景

我们首先来介绍一款 App 的运行环境以及大部分用户是怎样使用移动设备的，还原真实的使用场景，了解我们的产品将在何种环境下生存。

### 4.1.1 硬件环境

市场上，搭载 Android 操作系统的设备可以说是多种多样，五花八门。

从处理器上看，高通骁龙、华为海思可能是国内上市的设备中常见的处理器系列。此外，还有三星的猎户座 6、国产的联发科，以及不太常见的英特尔、英伟达、德州仪器等。如果你的 App 需要 so 库支持，有可能就要考虑兼容不同架构的 CPU 了。此外，虽然 Google 提出 Android 应用需要进行 64 位适配，但是很多应用并未做到这一点。即使是微信这种国民 App，也在官网放出了单独的 64 位版本，如图 4.1 所示。

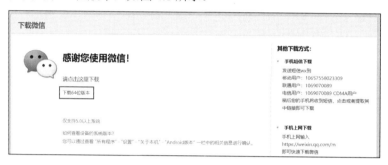

图 4.1　微信官网下载页面

从屏幕尺寸上看，类型就更多了。不仅分辨率多种多样（见图 4.2），DPI、宽高比都有可能不一样。而且，对于某些功能的 App，还需要考虑到屏幕材质，通常 OLED 屏在显示纯黑色的时候要比普通的 LCD 更省电。要想让我们的程序在各种屏幕类型上都保持正确且美观的显示效果，兼容性处理是每个开发者都无法绕过的难点。

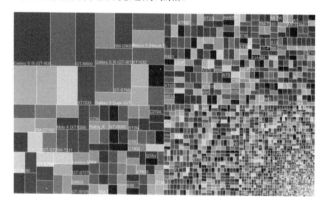

图 4.2　Android 设备分辨率的多样性

不仅如此，在采用刘海屏的设备上，还会有刘海尺寸不同的情况。挖孔屏则更甚，不仅有单双摄像头之分，还有左右位置的区别。

最后，有些设备可能还装备了不同的硬件组件。比如，有些设备是单摄像头，有些则是双摄像头，甚至更多；有些设备只有一块屏幕，有些设备可以翻盖使用，屏幕有两块；有些设备有红外传感器，有些设备没有。当我们的 App 使用到这些硬件时，就要考虑这些不同带来的影响。不当的处理可能导致功能的缺失甚至崩溃，无论是作为开发者还是用户，这都是我们不想看到的结果。

## 4.1.2　软件环境

来自软件方面的影响主要有两方面：一方面是不同 Android 系统版本；另一方面是不同的系统定制厂商。

截至 2019 年 5 月，Android 操作系统从 2.3.x（0.3%）到 9（10.4%）都有设备在运行，其中，6.0 占比最高，达到了 16.9%，如图 4.3 所示。不同版本的操作系统对某些 API 的支持有所区别，写法也有所不同。为了使 App 在不同版本的 Android 系统上尽可能保持一致的运行结果，我们不得不做些事情来兼容它们。

| Version | Codename | API | Distribution |
|---|---|---|---|
| 2.3.3 - 2.3.7 | Gingerbread | 10 | 0.3% |
| 4.0.3 - 4.0.4 | Ice Cream Sandwich | 15 | 0.3% |
| 4.1.x | Jelly Bean | 16 | 1.2% |
| 4.2.x | | 17 | 1.5% |
| 4.3 | | 18 | 0.5% |
| 4.4 | KitKat | 19 | 6.9% |
| 5.0 | Lollipop | 21 | 3.0% |
| 5.1 | | 22 | 11.5% |
| 6.0 | Marshmallow | 23 | 16.9% |
| 7.0 | Nougat | 24 | 11.4% |
| 7.1 | | 25 | 7.8% |
| 8.0 | Oreo | 26 | 12.9% |
| 8.1 | | 27 | 15.4% |
| 9 | Pie | 28 | 10.4% |

图 4.3　Android 操作系统市场占有率

此外，不同生产厂商对 Android 系统的定制也有不同，这导致即使是同一款 App，运行在不同厂商的设备上时也可能会有不同的体验。比如，不同的厂商采用了不同的推送管道，如果我们的 App 想要保证在尽可能多的设备上拥有很高的消息送达率，就要集成多种不同的消息推送能力。一旦忽视了某个厂商，就可能会造成相应品牌的设备无法及时收到消息。

### 4.1.3 充分考虑人的因素

除了上述客观的软硬件因素可能会对我们的 App 运行造成影响外，还要把用户考虑进去，人的因素往往比软件运行环境更具有不定向性。

想象一下这样的场景：当用户正在玩游戏时来了一个电话。这位用户觉得这个电话更重要，所以暂时放下游戏，切换到电话界面，挂断电话后回到游戏。或者，当用户正在使用 Snapseed 修图时来了一条微信消息，用户切换到微信 App 回复，结束后切回 Snapseed。

这种在 App 间跳跃的场景非常常见，不仅要处理好数据的保存，还要考虑到内存不足而被系统销毁的特殊情况。

此外，还应充分考虑 App 发生卡顿时的情况。当网络不畅或 App 高负荷工作时，界面可能会一直处于处理中的状态，是否允许用户中途取消操作，以及用户取消后的处理逻辑都需要我们来权衡，还要考虑到重复点击的情况。

比较好的方法就是运行 Monkey 测试，但那属于产品成型后的测试环节。如果能在一开始就考虑到这些，并做妥善处理，测试和后期维护成本就会降低很多。

综上，一方面我们要做好不同软硬件环境的兼容性，另一方面也要处理好由用户操作引发的不定向性。这都在考察一款 App 的健壮性和性能指标，而好的架构则是保证这二者的前提。

# 4.2 架构设计原则

Android App 架构遵循两大原则：分离关注点以及通过模型驱动界面。下面我们逐一介绍。

### 4.2.1 原则一：分离关注点

我们都知道，一个人的注意力是很宝贵的，但却很有限。当你完全专注于某事时，便会沉浸其中，这往往是成就某件事情的重要条件之一。在软件架构设计中，也要尽量做到这一点。

怎么理解呢？

我们都知道，在 Android 中，Activity 和 Fragment 是负责界面实现的，通常用来处理用户交互逻辑。比较理想的状态就是只保留和界面相关的代码逻辑，尽可能精简掉其他的逻辑。但在实际开发中，往往不是这样的。

比如，为了开发时的方便，可能会将 Adapter、网络交互的实现、JSON 解析等都写到

Activity 或 Fragment 中，它们显然和用户交互没有直接的关系。另一方面，在前文中我们提到了真实的使用场景，像 Activity 或 Fragment 这类负责界面逻辑的代码很可能因为处理各种兼容性、指挥数据存取已经很复杂了，如果再加上其他和界面无关的逻辑，日后维护的成本不可小觑。

对于复杂的项目，比较理想的做法是采用 MVP 或 MVVM，并按功能分模块进行插件化开发，具体的实施方法将在后文详述。

## 4.2.2　原则二：使用模型驱动界面

Android App 架构设计的第二原则是通过模型（Model）驱动界面，这里的模型就是指 MVC、MVP 等架构设计中的 M。

我们先简单地理解一下什么是模型。模型的主要工作是负责处理 App 中的数据。一款架构设计优秀的软件产品能做到数据和界面之间尽可能地解耦，各自独立。模型中的数据可以被一个或多个界面使用，且不受界面的影响而发生改变。

在设计 Android App 时，一种比较理想的做法是使用持久化存储。正如前文中提到的那样，我们应考虑人的因素，也要考虑 App 的软硬件运行环境，比如，当 App 置于后台，系统资源不足导致被销毁，或由于网络连接不畅时，发生的网络交互处理，等等。对于前者，可以将数据序列化存储到磁盘上，当用户再次打开 App 时，即可恢复之前的运行状态；对于后者，可以缓存网络数据，缓存可以利用内存或磁盘。

# 4.3　软件设计架构之 MVC

MVC（Model View Controller）分别对应模型、视图和控制器，这是一种经典的软件架构设计，其核心思想是将业务逻辑、数据和界面显示分离实现。这种架构设计广泛运用于中小型 Android App 项目中。

## 4.3.1　MVC 的概念

本小节将结合 Android App，先从 MVC 设计中各模块的作用入手，了解 MVC 的结构，再看看它们是如何协同工作的。

Model 表示 App 的数据核心，一般为实体类；View 负责 App 的显示以及接收用户操作，一般是各种 View 以及 XML 布局文件；Controller 处理 App 中的用户交互，一般是各种 Activity 和 Fragment。

从工作流程上看，View 首先接收到用户的操作，然后将操作传达给 Controller，Controller 则负责完成具体的业务逻辑，接着Controller根据具体的业务逻辑"指导"Model完成数据IO，最后通知 View 进行界面更新。图 4.4 所示为 MVC 架构模型。

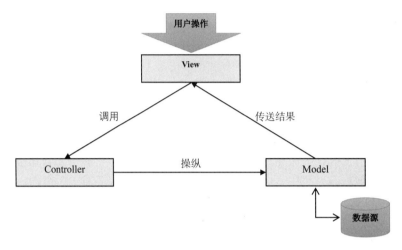

图 4.4　MVC 架构模型

由图4.4可以看出，MVC中的三大组件结构简单，耦合度底。规划较好的 MVC 模式将会极大地降低中小型 Android 项目的开发和维护成本。

## 4.3.2　实战演练

结束了理论环节，接下来就是实战演练了。我们以从网络上获取的一张图片为例，演示如何在 Android App 开发中使用 MVC 设计模式。

注意，为了演示完整的设计模式，我们将不再使用如 Glide、Retrofit 之类的成熟框架。

先来看看整个项目的文件结构，如图 4.5 所示，项目严格遵循 MVC 设计模式。

### 1. Model层

表示 Model 层的 ImageModel 类是图片的实体类，其完整的代码如下：

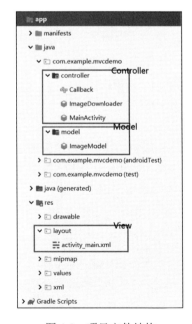

图 4.5　项目文件结构

```
public class ImageModel {
```

```
private String url;
private Bitmap bitmap;
public String getUrl() {
    return url;
}
public void setUrl(String url) {
    this.url = url;
}
public Bitmap getBitmap() {
    return bitmap;
}
public void setBitmap(Bitmap bitmap) {
    this.bitmap = bitmap;
}
}
```

显而易见，该实体有两个成员：一个是表示图片网络地址的 URL；另一个是 Bitmap 对象，用来表示图片的数据。

### 2. View 层

整个 View 层由一个 XML 的布局文件实现，包含一个可点击的按钮以及用来显示图片的 ImageView 控件，其完整代码如下：

```xml
<?xml version="1.0" encoding="utf-8"?>
<LinearLayout xmlns:android="http://schemas.android.com/apk/res/android"
    xmlns:tools="http://schemas.android.com/tools"
    android:layout_width="match_parent"
    android:layout_height="match_parent"
    android:gravity="center"
    android:orientation="vertical"
    tools:context=".controller.MainActivity">
    <Button
        android:id="@+id/activity_main_download_img_btn"
        android:layout_width="wrap_content"
        android:layout_height="wrap_content"
        android:text="@string/activity_main_download_btn" />
    <ImageView
        android:id="@+id/activity_main_image_iv"
        android:layout_width="match_parent"
        android:layout_height="wrap_content"
        android:layout_margin="10dp" />
```

```
</LinearLayout>
```

当程序运行起来时，界面显示如图 4.6 所示。

图 4.6　项目运行结果（已加载图片）

图 4.6 是加载完图片的显示效果。到目前为止，我们尚未完成图片加载的逻辑，所以暂时还看不到图像。根据前文所述，所有的逻辑处理将由 Controller 层完成，这也是本项目中最为复杂的部分。下面我们来逐步实现它。

### 3. Controller层

由图 4.5 得知，该层包含 3 个类，分别是 MainActivity.java、ImageDownloader.java 以及 Callback.java。我们先来看 Callback.java。

Callback.java的作用是回调接口，代码非常简单：

```
public interface Callback {
    void callback(int resultCode, ImageModel bitmap);
}
```

本身没有实际的代码实现，可以简单地把 Callback.java 理解为 ImageDownloader 和 MainActivity 之间沟通的"桥梁"。

ImageDownloader.java 是实现图片下载以及触发界面更新的工具类。我们来看它的代码:

```java
class ImageDownloader {
    static final int SUCCESS = 200;
    static final int ERROR = 401;
    static void download(Callback callback, ImageModel imageModel) {
        new Thread(new Downloader(callback, imageModel)).start();
    }
    static class Downloader implements Runnable {
        private final Callback callback;
        private final ImageModel imageModel;
        private Downloader(Callback callback, ImageModel imageModel) {
            this.callback = callback;
            this.imageModel = imageModel;
        }
        @Override
        public void run() {
            try {
                URL url = new URL(imageModel.getUrl());
                HttpURLConnection httpURLConnection = (HttpURLConnection)
url.openConnection();
                httpURLConnection.setConnectTimeout(5000);
                httpURLConnection.setRequestMethod("GET");
                if (httpURLConnection.getResponseCode() ==
HttpURLConnection.HTTP_OK) {
                    InputStream inputStream =
httpURLConnection.getInputStream();
                    Bitmap bitmap = BitmapFactory.decodeStream(inputStream);
                    showUI(SUCCESS, bitmap);
                } else {
                    showUI(ERROR, null);
                }
            } catch (Exception e) {
                e.printStackTrace();
                showUI(ERROR, null);
            }
        }
        private void showUI(int resultCode, Bitmap bitmap) {
            if (callback != null) {
                imageModel.setBitmap(bitmap);
                callback.callback(resultCode, imageModel);
```

```
                }
            }
        }
    }
```

该类中包含一个名为Downloader 的内部类，是下载图片文件的具体实现。此外，在该内部类中，根据网络返回结果调用了 showUI()方法，通过 Callback 型对象完成了 ImageModel 的交付。在使用时，我们只需调用该类的静态方法——download()即可开启新线程完成图片下载。

最后，再来看看 MainActivity 类，首先来看完整的代码：

```java
public class MainActivity extends AppCompatActivity implements Callback {
    private ImageView imgIv;
    private Button downloadBtn;
    private static final String IMAGE_URL =
"http://imglf6.nosdn0.126.net/img/T2xtRUpvNXdwUVJWQm1QR2s2eklMNTZiOWxuYmxabm
I3V1JaYW9KbHJNZ1VvZVVsMWp3WnB3PT0.jpg?imageView&thumbnail=266y200&type=jpg&q
uality=96&stripmeta=0&type=jpg";
    private Handler handler;
    @Override
    protected void onCreate(Bundle savedInstanceState) {
        super.onCreate(savedInstanceState);
        setContentView(R.layout.activity_main);
        findView();
        initData();
    }
    private void initData() {
        handler = new Handler(new Handler.Callback() {
            @Override
            public boolean handleMessage(Message message) {
                switch (message.what) {
                    case ImageDownloader.SUCCESS:
                        imgIv.setImageBitmap((Bitmap) message.obj);
                        break;
                    case ImageDownloader.ERROR:
                        break;
                }
                return false;
            }
        });
        downloadBtn.setOnClickListener(new View.OnClickListener() {
            @Override
```

```
        public void onClick(View v) {
            ImageModel imageModel = new ImageModel();
            imageModel.setUrl(IMAGE_URL);
            ImageDownloader.download(MainActivity.this, imageModel);
        }
    });
}
private void findView() {
    imgIv = findViewById(R.id.activity_main_image_iv);
    downloadBtn = findViewById(R.id.activity_main_download_img_btn);
}
@Override
public void callback(int resultCode, ImageModel bitmap) {
    Message message = handler.obtainMessage(resultCode);
    message.obj = bitmap.getBitmap();
    handler.sendMessage(message);
}
}
```

我们逐步拆解这个类。

可以看到，该类通过 findViewById()初始化了界面控件，并为 downloadBtn 这个按钮添加了点击事件。当用户点击这个按钮时，通知 ImageDownloader 类开始下载网络上给定地址的图片。由于该类实现了 Callback 接口，因此在 callback()方法中，实现了将 ImageModel 中的数据放在 ImageView 上的过程。

至此，整个需求按照 MVC 设计模式实现完成。怎么样，还算容易吧？

### 4.3.3　MVC 模式的优劣

4.3.2 小节已经完整地应用过一次 MVC 设计模式了，似乎很简单。但正如 4.3 节开始时所述，该架构设计广泛运用于中小型 Android App 项目中。为什么大型项目不采用这种设计模式呢？这还要从 MVC 的优劣势说起。

MVC 的优点是显而易见的，实现起来方便快捷。Controller 层和 View 层在 Activity 或 Fragment 类中都有涉及，对于界面简单、逻辑简单的项目而言，采用 MVC 可以说是一种短平快的做法。这也是为什么该架构能在中小型项目中广泛运用的重要原因。

中国有句古话："成也萧何，败也萧何"。正是由于 Controller 层和 View 层无法彻底解耦，导致 Activity 或 Fragment 类中的代码过多。从本例中就可以看出，Controller 的实现是整个模式中很重要的一环。这直接导致了在界面复杂、逻辑复杂的情况下，Activity 或 Fragment 难以维护。毫不夸张地说，笔者曾经在做代码优化时见到过一个 Activity 类高达上万行代码的情况。不仅笔者顿时觉得生无可恋，就连计算机每次打开这个类时，都会卡上几秒。所以，如果读者正在架构一个复杂的大型项目，且正打算使用 MVC 模式，就要慎重一些了，起码不要全盘采用。

那么，有没有适用于大型工程的架构设计模式呢？

答案是肯定的，MVP 模式就是其中之一。

# 4.4  软件设计架构之 MVP

MVP 的一种解释是最有价值球员，这不是本文讨论的范畴。但和它在体育界的成就相同，对于大型的 App，MVP 也是最有价值的设计模式。它和 MVC 的区别是，由原来的 Controller 变成了 Presenter。MVP 可以解决 MVC 无法达到的效果——较为彻底地解耦 Controller 和 View。

## 4.4.1  MVP 的概念

和 MVC 模式相似，MVP 也是 3 个模块的缩写，即 Model、View 和 Presenter。要注意的是，虽然名称上只差了一个 Presenter，但是 Model 和 View 的作用在 MVP 中也发生了少许变化。

我们先来看 Model 层，MVP 模式中的 Model 层负责操作数据，它的业务逻辑只和数据发生关系。它一方面接收 Presenter 层发起的数据操作要求，另一方面把操作结果交付给 View。

再来看 View 层，MVP 模式中的 View 层负责绘制 UI 以及完成与用户的交互。在 Android 工程中，该层通常是各种 Activity 和 Fragment。这一次，无论是 Activity 还是 Fragment，它们只负责 UI 相关的内容。

最后再来看 Presenter 层，该层的作用是"协调"，它是 View 层和 Model 层的"桥梁"。View 层会告知 Presenter 层用户要做什么，当 Presenter 层得到来自 View 层的指令后，"想好"要怎样处理数据，把数据处理的需求告知 Model 层，指挥 Model 层完成数据处理。最后，再把处理好的数据交付给 View 层。

仔细对比图 4.7 和图 4.4，区别在于图 4.4 都是单向的箭头，而图 4.7 改为了双向箭头；View 和 Model 之间不再有直接的交互，实现了 View 和 Model 的解耦。Presenter 层在整个模式中扮演重要角色。

MVP 设计模式是 Google 官方推荐的一种架构设计模式，并开源了一个 to-do App 为例的代码仓库。感兴趣的朋友可以到 GitHub 获取，源码地址：https://github.com/android/architecture-samples。笔者不建议初学架构的读者一上来就阅读这部分代码，而是从实现较为简单的功能需求开始。

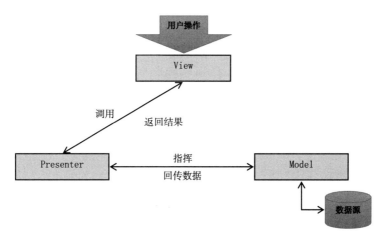

图 4.7　MVP 架构模型

## 4.4.2　实战演练

为了方便对比各种架构设计之间的区别，我们依旧实现从网络上获取图片并显示这一具体需求。老规矩，先来看项目的文件结构，如图 4.8 所示。

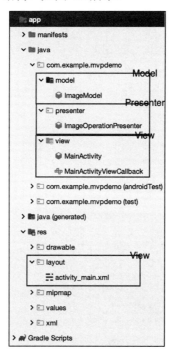

图 4.8　项目文件结构

图 4.8 展示了基于 MVP 设计模式的项目代码结构，和 MVC 代码相同的部分这里就不再赘述了，我们重点关注它们的不同点。

- Model层和MVC中的Model层无异，包含名为ImageModel的实体类。
- Presenter层中包含名为ImageOperationPresenter的类，该类实现了所有的逻辑，内容和MVC模式中的ImageDownloader类很像。只不过在参数的传递上有所区别，具体可参考完整的代码：

```java
public class ImageOperationPresenter {
    public static final int SUCCESS = 200;
    public static final int ERROR = 401;
    public static void download(MainActivityViewCallback callback, String url) {
        ImageModel imageModel = new ImageModel();
        imageModel.setUrl(url);
        new Thread(new Downloader(callback, imageModel)).start();
    }
    static class Downloader implements Runnable {
        private final MainActivityViewCallback callback;
        private final ImageModel imageModel;
        private Downloader(MainActivityViewCallback callback, ImageModel imageModel) {
            this.callback = callback;
            this.imageModel = imageModel;
        }
        @Override
        public void run() {
            try {
                URL url = new URL(imageModel.getUrl());
                HttpURLConnection httpURLConnection = (HttpURLConnection) url.openConnection();
                httpURLConnection.setConnectTimeout(5000);
                httpURLConnection.setRequestMethod("GET");
                if (httpURLConnection.getResponseCode() == HttpURLConnection.HTTP_OK) {
                    InputStream inputStream = httpURLConnection.getInputStream();
                    Bitmap bitmap = BitmapFactory.decodeStream(inputStream);
                    showUI(SUCCESS, bitmap);
                } else {
```

```
                showUI(ERROR, null);
            }
        } catch (Exception e) {
            e.printStackTrace();
            showUI(ERROR, null);
        }
    }
    private void showUI(int resultCode, Bitmap bitmap) {
        if (callback != null) {
            callback.callback(resultCode, bitmap);
        }
    }
}
```

可以看到，download()方法需要 Callback 和 String 类型的两个参数，showUI()方法中直接交付 Bitmap 型对象。

正是由于它不再需要 ImageModel 类型，并回传 Bitmap 对象，使 MainActivity（View 层）与 ImageOperationPresenter（Presenter 层）之间的交互撇开了与 ImageModel（Model 层）的关系，实现了 View 层和 Model 层的解耦。

- View层包含两个类：一个是MainActivityCallback；另一个是MainActivity。前者相当于MVC模式中的Callback类，代码内容也相同；后者不再需要与Model层打交道，其完整代码如下：

```
public class MainActivity extends AppCompatActivity implements
MainActivityViewCallback {
    private ImageView imgIv;
    private Button downloadBtn;
    private static final String IMAGE_URL =
"http://imglf6.nosdn0.126.net/img/T2xtRUpvNXdwUVJWQm1QR2s2eklMNTZiOWxuYmxabm
I3V1JaYW9KbHJNZ1VvZVVsMWp3WnB3PT0.jpg?imageView&thumbnail=266y200&type=jpg&q
uality=96&stripmeta=0&type=jpg";
    private Handler handler;
    @Override
    protected void onCreate(Bundle savedInstanceState) {
        super.onCreate(savedInstanceState);
        setContentView(R.layout.activity_main);
        findView();
        initData();
```

```
        }
    private void findView() {
        imgIv = findViewById(R.id.activity_main_image_iv);
        downloadBtn = findViewById(R.id.activity_main_download_img_btn);
    }
    private void initData() {
        handler = new Handler(new Handler.Callback() {
            @Override
            public boolean handleMessage(Message message) {
                switch (message.what) {
                    case ImageOperationPresenter.SUCCESS:
                        imgIv.setImageBitmap((Bitmap) message.obj);
                        break;
                    case ImageOperationPresenter.ERROR:
                        break;
                }
                return false;
            }
        });
        downloadBtn.setOnClickListener(new View.OnClickListener() {
            @Override
            public void onClick(View v) {
                ImageOperationPresenter.download(MainActivity.this,
IMAGE_URL);
            }
        });
    }
    @Override
    public void callback(int resultCode, Bitmap bitmap) {
        Message message = handler.obtainMessage(resultCode);
        message.obj = bitmap;
        handler.sendMessage(message);
    }
}
```

运行 App，其运行结果仍为图 4.6 所示。

可见，使用 MVP 架构的代码相对 MVC 架构结构上更加清晰，更易于理解。

### 4.4.3　MVP 模式的优劣

使用 MVP 的好处显而易见，首要优势就是责任明确，结构清晰。在逻辑复杂的情况下，Activity 或 Fragment 的代码不再臃肿不堪，只负责与 UI 显示有关的内容。特别是对于频繁改变 UI 布局的 App，维护成本会降低且不易出错。此外，通过 Presenter 层，MVP 还解决了 Model 与 View 层无法彻底解耦的缺陷。也正是凭借这一点，在做单元测试时更加有利。

当然，MVP 也是有缺点的，对于功能需求并不复杂的 App 而言，使用 MVP 往往比使用 MVC 的开发成本更高。对于大型项目而言，即使如 4.4.2 小节中代码所示的样子使用了 MVP，Activity 或 Fragment 的代码量可能还是会很大。对于 Model 层，过多的实体类可能会造成混淆的情况，比如登录者和好友列表中的人。而对于 Presenter 层，由于所有的实现逻辑都封装在此，因此容易造成 Presenter 类的代码量过大。

如何解决这些缺点呢？我们需要给 MVP 架构"打补丁"。

### 4.4.4　巧妙弥补 MVP 架构的缺陷

对于 4.4.3 小节中提到的 MVP 模式中的种种缺陷，我们需要逐个对 Model、View 和 Presenter 层做优化。当然，以下做法并不是对所有采用 MVP 架构的项目都要求，建议仅在上述缺陷暴露时应用。

- Model 层：如前文所述，在某些情况下，可能会出现类似名称的类。日积月累，这些相似名称的类会在代码维护的工作中成为负担，往往会造成混淆。为了避免这一问题，在编码时应注意做好明确的"划分"。
  一种比较明智的做法是按照功能模块将不同模块的 Model 放在不同的 Package 中，这样即使有相似甚至重名的 Model 类，也可以通过所在的 Package 来判断它到底属于哪项功能。

- View 层：虽然我们将大量的代码逻辑移到了 Presenter 层，但是所有的 UI 显示仍在 View 层。对于界面非常复杂的 App，View 层仍会不可避免地拥有复杂且多的代码量。
  对此，可以利用 Java 继承的特性加入模板方法。举个例子，对于 Activity 或 Fragment，可以创建 BaseActivity 或 BaseFragment。一些常用的界面实现，比如通用的 ProgressBar、封装的 ActionBar 相关方法、获取屏幕宽高等逻辑都可以放到 Base 相关类中，简化 Activity 或 Fragment 代码逻辑。

- Presenter 层：由于除 UI 外的所有逻辑操作都在 Presenter 层，随着 App 的功能日益复杂，Presenter 层的代码量也会随之加大。此时，笔者推荐两种方法来化解该问题。第一就是"分治"，该方法用于各 Presenter 之间不存在大量通用逻辑的场景。可以将某一个 Presenter 再细分成两个或多个子 Presenter 来处理，并用 package 将这些子 Presenter 组织在一起。第二种方案则是"封装"，在众多 Presenter 中找到它们共有的逻辑，再封装成单独的Presenter，简化每个Presenter的代码量，相当于在原先的基础上加一个"公共工具类层"。

此外，还有一些说法是可以在View层和Presenter层之间添加Mediator中介者层，一些轻量级的逻辑操作放在该层中执行；在Model层和Presenter层之间添加Proxy代理层，分担Presenter的一些操作。这样做也可以达到减轻Presenter层负荷的目的，读者可根据实际项目需求情况进行选择。

最后，虽然 MVP 的一些缺陷可以通过以上方法弥补，但这到底是一种治标不治本的方法，而且某些缺陷是根本无法弥补的，比如当操作逻辑较为复杂多样时，往往会在 View 层定义很多接口（对应 4.4.2 小节例子中的 MainActivityViewCallback 类）。更要命的是，如果有两个 Activity 或 Fragment 同时使用这个接口类，可能还会在这些 Activity 或 Fragment 中包含空实现，这在一定程度上说也是一种代码冗余。对于这种情况，使用 MVP 模式就不是最佳选择了。不过幸好我们有对付它的解决方案——使用 MVVM 架构设计模式。

# 4.5  软件设计架构之 MVVM

正如前文所述，MVP 虽然解决了 MVC 模式中的一些问题，但其自身在某些场景中也会造成代码冗余。为了解决这个问题，我们引入了 MVVM 架构设计模式。

## 4.5.1  MVVM 的概念

在实际开发中，我们通常使用 XML 代码作为布局描述、Java 代码处理布局逻辑的方式实现 Android 视图。MVVM 架构模式的神奇之处是能够简化 XML 和 Java 之间的视图交互，具体来说就是通过数据绑定的方法。

那么，数据绑定是什么，MVVM 又是如何实现的呢？

实际上，MVVM 并不是将整个架构分为 4 层，而是由 M（Model）、V（View）以及 VM（ViewModel）三层组成的。它是 MVP 模式的延伸，主要设计思想仍为 MVP，只是将 Presenter 层替换为 ViewModel 层。通过 DataBinding（数据绑定）技术使数据可以直接和 View 层的控件绑定，MVVM 可以简单地视为 MVP+DataBinding。

DataBinding 是 Google 官方推出的数据绑定器，它的作用就是将数据和 View 绑定起来。在实际开发中，数据绑定可以实现当数据改变的时候，自动刷新和其关联的 View。反过来，也可以简化 View 的响应处理。它是整个 MVVM 架构模式中的核心技术。

同样，对于 MVVM 模式的运用，Google 官方提供了演示 Demo，地址为 https://github.com/android/architecture-samples/tree/todo-mvvm-databinding。感兴趣的读者可以阅读参考。

## 4.5.2　实战演练

我们继续以从网络上获取图片为例进行演示。按照惯例，先看一下整个项目的结构，如图 4.9 所示。

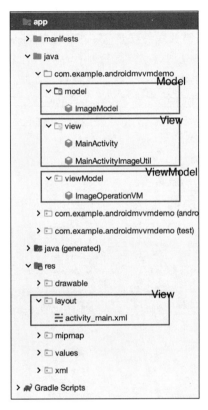

图 4.9　项目文件结构

可以看到，整个项目按照 Model、View 和 ViewModel 三个模块分别存放于三个包以及一个单独的 layout 文件中。在详述各层具体代码实现前，首先要启用 DataBinding 支持。

### 1. 启用数据绑定支持

启用 DataBinding 的方法非常简单，只要打开 app Module 中的 build.gradle 文件，在 android 节点下添加以下代码即可：

```
android{
...
    dataBinding{
```

```
        enabled true
    }
}
```

添加好后，别忘了执行一次 gradle sync，使修改的 build.gradle 文件生效。

## 2. 逐步应用MVVM架构模式

为了简化 View 层的实现，需要通过数据绑定的方式将 View 层与 Model 层绑定在一起，可达到在 View 相应的 Data 发生变化时，自动更新 View 中显示的内容的目的。

需要说明的是，数据绑定的本领不限于此。很明显，从 Data 发生改变到更新 View，这是单方向的，即 Data 到 View。这种能力通常被称为"单向绑定"。在某些情况下，还需要实现"双向绑定"，即从 View 到 Data。常见的例子是监听 EditText 中内容的变化，当我们需要通过观察用户对每个字符的操作进行增删改时，通常就要用到双向绑定。由于篇幅所限以及本例并不涉及双向绑定的应用，因此不再详述从 View 到 Data 方向的实现方法，感兴趣的读者可自行查阅 Android 开发文档，它非常简单。

回到本例，要绑定 View 和 Model，要分别对 activity_main.xml 和 ImageModel.java 进行改造。首先来看 activity_main.xml：

```xml
<?xml version="1.0" encoding="utf-8"?>
<layout xmlns:android="http://schemas.android.com/apk/res/android"
    xmlns:app="http://schemas.android.com/apk/res-auto"
    xmlns:tools="http://schemas.android.com/tools"
    tools:context=".view.MainActivity">
<data>
    <variable
        name="Image"
        type="com.example.androidmvvmdemo.model.ImageModel" />
    <variable
        name="Download"
        type="com.example.androidmvvmdemo.view.MainActivity" />
</data>
<LinearLayout
    android:layout_width="match_parent"
    android:layout_height="match_parent"
    android:gravity="center"
    android:orientation="vertical">
    <Button
        android:id="@+id/activity_main_download_img_btn"
        android:layout_width="wrap_content"
```

```
                android:layout_height="wrap_content"
                android:onClick="@{Download.downloadImage}"
                android:text="@string/activity_main_download_btn" />
            <ImageView
                android:id="@+id/activity_main_image_iv"
                android:layout_width="match_parent"
                android:layout_height="wrap_content"
                android:layout_margin="10dp"
                android:contentDescription="@string/app_name"
                app:setImageBitmap="@{Image.bitmap}" />
        </LinearLayout>
</layout>
```

仔细对比这里的代码和之前在 MVC/MVP 中的布局文件的区别。

这里的 XML 布局文件以 layout 作为根节点，之前的 LinearLayout 成为了和 data 并列的子节点。

先介绍 data，该节点由若干 variable 子节点组成，用来声明要发生绑定的数据。name 表示别名，在后面具体的控件上使用它；type 表示包含数据的类。本例共绑定了两个数据，名为 Image 的数据包含 Bitmap 对象，当图片下载完成后在相应的 ImageView 上显示；名为 Download 的数据变量（此处为要执行的方法）为 MainActivity 类，用来表示当用户点击按钮时的 UI 逻辑操作。

看到这，你可能会问，数据绑定不是要与具体的变量发生绑定吗？

实际上，只要满足 XML 布局文件中对应的操作类型，绑定就可以实现。就如本例中的按钮点击事件，它在 MainActivity 类中是一个方法，而 Button 控件的 onClick 事件的实现恰好对应这样的方法，所以可以实现绑定。

我们再来看布局实现部分，该部分被 LinearLayout 包裹。这里重点关注 Button 控件的 onClick 属性和 ImageView 的 app:setImageBitmap 属性。正如前文所述，如果 data 节点是对要绑定的数据的"声明"，这里就是对这些数据的应用。

对 Button 而言，将 onClick 属性的值赋为@{Download.downloadImage}，其含义是绑定 Download 变量中的 downloadImage 方法，该方法稍后会在 MainActivity 中实现；对 ImageView 而言，由于该控件在 XML 布局文件中无法直接给定 Bitmap 类型值，因此需要我们"曲线救国"。各位读者可留意图 4.9 中 View 层的 Java 实现，它包含两个类。其中，MainActivityImageUtil 类是 Bitmap 对象到 ImageView 控件的"桥梁"。这里使用的是一种名为 BindingAdapter 的技术。

关于 BindingAdapter 的使用不是本书的重点，这里不过多展开讨论，仅说明适用于本例的具体代码实现。下面我们结合 MainActivityImageUtil 类的具体代码实现进行说明：

```java
public class MainActivityImageUtil {
    @BindingAdapter(value = {"setImageBitmap"})
    public static void setImageBitmap(ImageView imageView, Bitmap bitmap) {
        imageView.setImageBitmap(bitmap);
    }
}
```

按照 BindingAdapter 的使用要求并结合本例的功能需求，我们在 MainActivityImageUtil 类中添加 setImageBitmap()方法，并添加@BindingAdapter 注解。注解中 value 的值可在 XML 布局文件中使用。

在 XML 文件中使用它时，要注意属性名为 app:setImageBitmap，而不是 android:setImageBitmap。此外，别忘了在命名空间处添加 xmlns:app="http://schemas.android.com/apk/res-auto"，这样才能保证自定义的属性能够正常使用。

正如 setImageBitmap()方法中实现的那样，它需要一个 Bitmap 类型的值。因此，我们刚好可以在 XML 文件中使用 Image 数据变量中的 bitmap 对象。接着，再通过 setImageBitmap()方法将 Bitmap 对象值传递给 ImageView，从而打通 Bitmap 到 ImageView 的道路。

讲完了 XML 布局文件，我们再来看看 Model，即本例中的 ImageModel 类。

```java
public class ImageModel extends BaseObservable {
    private String url;
    private Bitmap bitmap;
    @Bindable
    public String getUrl() {
        return url;
    }
    public void setUrl(String url) {
        this.url = url;
        notifyPropertyChanged(BR.url);
    }
    @Bindable
    public Bitmap getBitmap() {
        return bitmap;
    }
    public void setBitmap(Bitmap bitmap) {
        this.bitmap = bitmap;
        notifyPropertyChanged(BR.bitmap);
    }
}
```

上面的代码就是 ImageModel 的完整代码，看上去和我们在 MVC/MVP 中所使用的

ImageModel 类的代码几乎一致，只不过在 getXxx()方法前添加了@Bindable 注解，在 setXxx() 方法中添加了 notifyPropertyChanged()方法的调用。

我们在前面提到，数据绑定可以实现当数据发生变化时，相应的 View 自动刷新以显示最新的数据。而这两处新添加的代码则是确保该特性能正常发挥作用的前提。要特别说明的是，notifyPropertyChanged()方法中的参数 BR 很像 R 文件，也是自动生成的，只不过是根据 Bindable 注解中的对象产生的。

接下来，我们给 View 层收个尾，聊聊 MainActivity。有了数据绑定的帮助，MainActivity 类代码变得非常简单，完整代码如下：

```
public class MainActivity extends AppCompatActivity {
    private static final String IMAGE_URL =
"http://imglf6.nosdn0.126.net/img/T2xtRUpvNXdwUVJWQm1QR2s2eklMNTZiOWxuYmxabm
I3V1JaYW9KbHJNZ1VvZVVsMWp3WnB3bnB3PT0.jpg?imageView&thumbnail=266y200&type=jpg&q
uality=96&stripmeta=0&type=jpg";
    private ActivityMainBinding activityMainBinding;
    @Override
    protected void onCreate(Bundle savedInstanceState) {
        super.onCreate(savedInstanceState);
        activityMainBinding = DataBindingUtil.setContentView(this,
R.layout.activity_main);
        initData();
    }
    private void initData() {
        activityMainBinding.setDownload(this);
        activityMainBinding.setImage(ImageOperationVM.getImageModel());
    }
    public void downloadImage(View v) {
        ImageOperationVM.download(IMAGE_URL);
    }
}
```

仔细阅读上面的代码，我们在该类中声明了 ActivityMainBinding 类型的变量。该变量通过 DataBindingUtil.setContentView()方法赋值，该对象主要用于在 initData()方法中指明要使用哪些具体数据给 View。由于在 XML 文件中我们只声明了数据类型（MainActivity 和 ImageModel 类型），并没有给定具体的数据值，因此需要在此处进行如上操作。

在 MVP 模式中，Presenter 层扮演 Model 和 View 间桥梁的角色。在 MVVM 模式中，这一角色由 ViewModel 继续担任。在 MainActivity 中，无论是更新 ImageView 的数据，还是触发图片下载操作，都调用了 ImageOperationVM 类中的相关方法。ImageOperationVM 类即本例中的 ViewModel，我们来看看它是如何实现的：

```
public class ImageOperationVM {
    private static ImageModel imageModel;
    public static ImageModel getImageModel() {
        if (imageModel == null) {
            imageModel = new ImageModel();
        }
        return imageModel;
    }
    public static void download(String url) {
        if (imageModel == null) {
            imageModel = new ImageModel();
        }
        imageModel.setUrl(url);
        new Thread(new Runnable() {
            @Override
            public void run() {
                try {
                    URL url = new URL(imageModel.getUrl());
                    HttpURLConnection httpURLConnection = (HttpURLConnection)
url.openConnection();
                    httpURLConnection.setConnectTimeout(5000);
                    httpURLConnection.setRequestMethod("GET");
                    if (httpURLConnection.getResponseCode() ==
HttpURLConnection.HTTP_OK) {
                        InputStream inputStream =
httpURLConnection.getInputStream();

imageModel.setBitmap(BitmapFactory.decodeStream(inputStream));
                    }
                } catch (Exception e) {
                    e.printStackTrace();
                }
            }
        }).start();
    }
}
```

很明显，所有图片下载逻辑都被封装在了 ViewModel 层中。此外，ImageOperationVM 类开放了 getImageModel() 方法，提供给 View 层调用，用来实现与 ImageView 的数据绑定。因此，当 ImageOperationVM 类中的 imageModel 对象值发生改变时，ImageView 可以自动刷新。

至此，整个 Demo 编码完成。

### 4.5.3　MVVM 模式的优劣

通过一步步实现 MVVM 架构模式，可以很明显地感受到该模式的优点，即自动化。通过数据绑定，当 Model 层的数据发生改变时，View 层相应的视图会自动更新。一方面减少了原先在 View 层的代码量，另一方面保证了数据的一致性。

但其缺点也是很明显的。首先，数据绑定机制使得调试 Bug 变得更难，主要原因是难以定位问题。如果读者在亲身实践时遇到问题，并尝试解决它，就会有很明显的体会。其次，在某些场景中，可能会存在大量 Model。这些 Model 可能会长期存在于内存中，提高 App 的内存用量。最后，对于结构简单的 App，MVVM 并不适用。

# 4.6　总结

本章的内容到此就结束了。下面我们对本章讲述过的 3 种架构模式进行总结，来说说在实际开发中该用哪种模式。

其实，无论是 MVC、MVP 还是 MVVM，都无法直接简单地说哪一种更好。事实上，MVVM 在实际应用中并不常见。一方面，数据绑定机制由 Google 在 2015 年推出，而那时已经有很成熟的解决方案来达到相似的效果，如 EventBus、RxJava 等。为了应用 DataBinding 而重构项目对很多公司来说是有风险的。另一方面，MVVM 对于项目的适用性仍需考量，为了用 MVVM 而用 MVVM，多少有点过度设计的感觉，这些都是 MVVM 未能大面积普及的症结。而 MVC 模式在 Android App 中是无法彻底解耦的。如果非要在这 3 种架构设计模式中做个最优选，笔者推荐 MVP 模式，它或许是较为"中庸"的选择。

# 第5章

## 优雅地保活 App

　　笔者曾经开发过一款即时通信 App，主要包含 VOIP、IM 模块，当时遇到的难题之一就是保活。要知道，一旦保活出了问题，App 将无法正常接收消息，也无法收到好友来电。这对于一款即时通信类 App 来说是致命伤。后来，通过团队共同努力，基本实现了消息来电零漏接，保证了软件的正常运行，这才使保活风波暂时告一段落。

　　为何 Android App 要手动操作保活？保活有哪些方法？它们又是怎样实现的呢？这一章我们重点讨论这些话题。

## 5.1　Android App 保活之殇

　　不知道正在读本书的读者有没有遇到过这样的问题：把一个具有聊天功能的 App 置于后台，过一段时间后，本该正常接收消息的它居然收不到消息了。再次手动打开它时，发现漏掉的消息一股脑推送了过来；或者一个新闻类的 App，很久没有启动它，再次启动时，发现几天前的推送现在才收到，好像如果不启动就永远收不到推送一样。

　　如果你也遇到了类似的问题，那么这个 App 的消息推送之路已经处于半瘫痪状态了。如果你正在开发的项目也遇到了这样的问题，但又查不出逻辑上的错误，有可能也是消息推送出问题了。

## 5.1.1　Android 推送服务的历史现状分析

为什么运行在它上面的 App 会出现推送问题呢？这一切还要从 GCM 说起。

### 1. 瘫痪的高速公路——GCM

GCM（Google Cloud Messaging）为每个集成了该能力的 App 服务，却可以脱离 App 的运行。它和 iOS 中的 APNs 有异曲同工之妙，都是系统内置的消息推送的高速公路。由于系统原生支持，GCM 运行稳定，不会随着 App 的销毁而关闭。由于每个 App 都走同一条路而无须自建推送通道，因此对内存消耗也是很少的。它采用独立的进程连接 Google 服务器，甚至无须登录 Google 账户。

但是，由于 GCM 在中国大陆地区访问不稳定，导致 GCM 消息推送不可用，于是即使系统内置了该能力，也处于无法使用的残废状态。

### 2. 推送服务百花齐放

鉴于 GCM 在中国大陆地区的情况，诞生了很多消息推送服务，如信鸽、个推、环信、极光等。但是如果每个 App 都集成一个消息推送服务的话，相当于各自建了一条消息推送通路。这不但使每个 App 的内存占用量上涨，还可能会造成不必要的网络流量消耗。一旦内存不够，系统就会考虑杀死优先级较低的 App。相关的推送服务有可能也会随之销毁，这就解释了本章一上来描述的情况——消息不及时或一股脑地批量接收。

于是各个手机厂商为了保证自己的设备运行依然流畅，推出了各自的推送服务，比如华为、小米、魅族等。它们就相当厂商各自的 GCM，理想的情况是所有的 App 都集成厂商的推送服务，就可以让推送服务做到和 GCM 一样脱离 App 的运行且高效工作。但现实情况并不像计划中那么好，且不说一个 App 集成了所有厂商，只集成几家市场占有率高的推送服务，也会增大 App 的安装包大小。另外，不同厂商推出的 SDK 运行在其他品牌设备上的稳定性也值得推敲。

## 5.1.2　传统的 App 保活方法

面对上述客观情况，对于需要保活的 App，开发者有自己的一套方法。监听系统广播、定时器、双进程守护、播放无声音频、提升服务优先级等各种保活方案层出不穷，但大多随着 Android 操作系统的升级而失效，而且这些方法可能会带来异常电量消耗或异常内存占用等副作用。

那么，有没有办法尽可能地确保需要保活的 App 正常运行呢？接下来，我们就一起探索发现进程保活的"黑科技"吧。

# 5.2 探索 App 保活黑科技

本节我们来聊聊目前可用的 App 保活技术。这些方法在目前看来都还可以用，并且效果也很好。但无法保证长期可用，因为 Android 操作系统本身可能会更改其策略，而且各厂商在定制 Android 时也会引入自家节电策略。这些都有可能破坏我们原本可用的保活逻辑，所以当 Android 系统本身发生策略改变时，还需要去查看官方文档，关注有关影响保活的策略改变，并适配它们。此外，针对各厂商定制的系统，还应该尽可能地多做测试，尽可能地确保 App 在大部分设备上是正常运行的。

## 5.2.1 添加电池优化白名单

App 保活的第一种方法就是添加白名单，让系统的电池优化机制忽略相应的 App。

原生 Android 进行白名单的添加很方便，各品牌厂商的系统由于定制化了原生 Android，在添加白名单的方法上略有不同。除了按照原生 Android 的逻辑进行添加外，还需要对不同品牌的机型做单独的逻辑处理。

### 1. 原生Android方法

原生 Android 的电池优化机制从 API Level 23（Android 6.0）引入，其目的在于通过使 App 进入"休眠"状态而节约电量开销。我们这里需要让 App 保持运行，于是理所当然地要让该机制忽略我们开发的 App。

首先，新建一个 Android 项目，命名为 KeepAliveDemo，在 AndroidManifest.xml 中声明权限：

```
<uses-permission
android:name="android.permission.REQUEST_IGNORE_BATTERY_OPTIMIZATIONS" />
```

该权限无须用户批准，直接声明即可。

接着来到 MainActivity.java，添加两个方法：一个用来检测 App 自身是否已经在电量优化白名单中；另一个用来弹出请求添加白名单的对话框。具体代码如下：

```
@RequiresApi(api = Build.VERSION_CODES.M)
private boolean isIgnoreBatteryOptimizationStatus() {
    PowerManager powerManager = (PowerManager)
getSystemService(Context.POWER_SERVICE);
    return powerManager != null &&
```

```
powerManager.isIgnoringBatteryOptimizations(getPackageName());
    }
    @RequiresApi(api = Build.VERSION_CODES.M)
    private void requireIgnoreBatteryOptimization() {
        try {
            @SuppressLint("BatteryLife") Intent intent = new
Intent(Settings.ACTION_REQUEST_IGNORE_BATTERY_OPTIMIZATIONS);
            intent.setData(Uri.parse("package:" + getPackageName()));
            startActivityForResult(intent,
REQUEST_IGNORE_BATTERY_OPTIMIZATION);
        } catch (Exception e) {
            e.printStackTrace();
        }
    }
```

　　这两个方法相当于"工具"，需要在合适的地方调用它们才能发挥作用。添加电池优化白名单的代码逻辑：程序运行时先检查自身是否已经在电池优化白名单中，如果在，就无须任何操作；如果不在，就弹出请求添加到白名单的窗口，这个窗口由 Android 系统提供。无论用户选择拒绝添加或接受添加，我们都要获取用户的选择结果，以便今后在适当的时机弹出提示。

　　于是，MainActivity.java 的完整代码如下：

```
public class MainActivity extends AppCompatActivity {
    private final String TAG = getClass().getSimpleName();
    private final int REQUEST_IGNORE_BATTERY_OPTIMIZATION = 0x00;
    @Override
    protected void onCreate(Bundle savedInstanceState) {
        super.onCreate(savedInstanceState);
        setContentView(R.layout.activity_main);
        initData();
    }
    private void initData() {
        if (Build.VERSION.SDK_INT >= Build.VERSION_CODES.M) {
            if (!isIgnoreBatteryOptimizationStatus()) {
                requireIgnoreBatteryOptimization();
            }
        }
    }
    @RequiresApi(api = Build.VERSION_CODES.M)
    private boolean isIgnoreBatteryOptimizationStatus() {
        PowerManager powerManager = (PowerManager)
```

```
getSystemService(Context.POWER_SERVICE);
        return powerManager != null &&
powerManager.isIgnoringBatteryOptimizations(getPackageName());
    }
    @RequiresApi(api = Build.VERSION_CODES.M)
    private void requireIgnoreBatteryOptimization() {
        try {
            @SuppressLint("BatteryLife") Intent intent = new
Intent(Settings.ACTION_REQUEST_IGNORE_BATTERY_OPTIMIZATIONS);
            intent.setData(Uri.parse("package:" + getPackageName()));
            startActivityForResult(intent,
REQUEST_IGNORE_BATTERY_OPTIMIZATION);
        } catch (Exception e) {
            e.printStackTrace();
        }
    }
    @Override
    protected void onActivityResult(int requestCode, int resultCode,
@Nullable Intent data) {
        super.onActivityResult(requestCode, resultCode, data);
        if (requestCode == REQUEST_IGNORE_BATTERY_OPTIMIZATION) {
            if (Build.VERSION.SDK_INT >= Build.VERSION_CODES.M) {
                Log.d(TAG, "Ignore Battery Optimization Status is " +
isIgnoreBatteryOptimizationStatus());
            }
        }
    }
}
```

运行 App，可以看到如图 5.1 所示的提示框。

尝试分别单击"拒绝"和"允许"按钮，观察 Logcat 输出。当"拒绝"按钮被点击时，输出结果为：

```
Ignore Battery Optimization Status is false;
```

当"允许"按钮被点击时，输出结果为：

```
Ignore Battery Optimization Status is true。
```

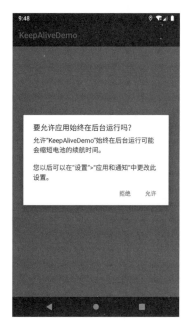

图 5.1　请求添加电池优化白名单提示框

### 2. 定制化Android操作系统的处理

对于各厂商定制化的 Android 操作系统，除了按照原生 Android 的方法添加白名单外，还需要添加到各厂商手机管家或安全管家之类 App 的白名单中。很多 App 具有跳转到手机管家的功能，并给予用户提示，引导用户进行设置。以 Keep App 为例，可以看到在 App 内部提供了相当详细的系统权限设置方法，如图 5.2 所示。

当用户点击了按钮后，将会跳转到系统内置的省电管理界面。

要实现这样的效果，原理其实很简单。界面的跳转实际上就是常见的startActivity()方法。难点在于如何获取跳转目标的相关设置的包名和 Activity 类名。下面以小米手机为例，讲述查找包名和类名的诀窍。

我们将增加两处白名单设置：一是省电管理；二是自启动。

### 方法一：使用Logcat

首先，需要使用开发版 MIUI，因为开发版的系统可以观

图 5.2　系统省电权限设置

察到内置 App 的 Log 输出，这些输出对后面的操作至关重要。

然后，连接计算机，并在计算机端打开 Logcat。在手机端依次打开手机管家→电池与性能→点击右上角的小齿轮图标，进入设置。此时，再点击应用智能省电就会跳转到 App 智能省电列表，也就是我们想跳转的界面。

清空 Logcat，并迅速点击应用智能省电，完成界面跳转后观察 Logcat 输出，会看到如下内容：

```
2020-03-09 16:34:06.708 1545-1570/system_process I/ActivityManager:
Displayed com.miui.powerkeeper/.ui.HiddenAppsContainerManagementActivity:
+542ms
```

没错，com.miui.powerkeeper 就是 MIUI 中的省电管理 App，com.miui.powerkeeper.ui.HiddenAppsContainerManagementActivity 就是 App 智能省电列表界面。

最后，在 KeepAliveDemo 工程中添加一个 Button 控件，用来测试能否成功完成跳转。代码片段如下：

```
    if (Build.BRAND != null &&
Build.BRAND.toLowerCase().equals("xiaomi")) {
        Intent intent = new Intent();
        intent.setComponent(new
ComponentName("com.miui.powerkeeper",
"com.miui.powerkeeper.ui.HiddenAppsContainerMana
gementActivity"));
        intent.addFlags(Intent.FLAG_ACTIVITY_
NEW_TASK);
        startActivity(intent);
    }
```

运行 App，并点击该 Button 控件，运行结果如图 5.3 所示。

类似地，打开手机管家，切换到手机管家 Tab，找到自启动管理。此时，清空 Logcat，单击自启动管理菜单项。成功进入"自启动管理"界面后，观察 Logcat 输出，可找到如下日志：

图 5.3　应用智能省电设置列表

```
2020-03-09 16:48:11.243 1545-2674/system_process I/ActivityManager: START
u0 {act=miui.intent.action.OP_AUTO_START cmp=com.miui.securitycenter/
com.miui.permcenter.autostart.AutoStartManagementActivity} from uid 1000 on
display 0
```

很明显，要跳转到"自启动管理"界面，需要启动位于 com.miui.securitycenter 包中的

com.miui.permcenter.autostart.AutoStartManagementActivity。因此，我们只需编写如下代码即可完成跳转：

```
if (Build.BRAND != null && Build.BRAND.toLowerCase().equals("xiaomi")) {
    Intent intent = new Intent();
    intent.setComponent(new ComponentName("com.miui.securitycenter",
"com.miui.permcenter.autostart.AutoStartManagementActivity"));
    intent.addFlags(Intent.FLAG_ACTIVITY_NEW_TASK);
    startActivity(intent);
}
```

运行上述代码，界面显示如图 5.4 所示。

图 5.4　应用自启动设置列表

如上所述，再辅以帮助提示性的文本，即可起到引导用户设置的作用。一旦用户完成如上设定，我们的 App 就不会那么轻易被"杀死"了。

### 方法二：使用RE浏览器

如果前面介绍的方法行不通，接下来介绍另一种获取包名和 Activity 名称的渠道。

首先要解锁 Bootloader，并获取 Root 权限，安装 RE 浏览器。

然后，打开 RE 浏览器，搜索*.apk 类型的文件。当然，如果你知道系统预装的 App 的具体安装路径，那么完全可以自行查找。笔者认为，用搜索的方法省事，但不省时；自己手动查找可能更加费事，但是有可能一上来就能找到对应的 APK。如果由于种种原因无法 Root 设备，那么可以到厂商官网查找下载系统并解压，也可以得到这些 APK。

因为对于 MIUI 来说，系统预装的 App 无非在/system/app、/system/priv-app 等目录下，省电管理和手机管家就分别位于上述两个目录下，名称为 PowerKeeper 和 SecurityCenter。我们还可以通过应用图标进一步确定，如图 5.5 所示。

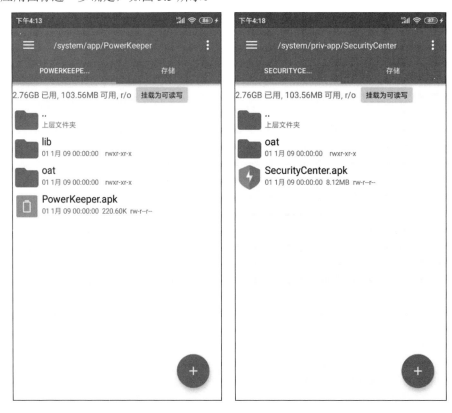

图 5.5　省电管理和手机管家安装路径

最后，使用 RE 浏览器的 APK 查看功能查看每个 APK 文件中的 AndroidManifest.xml，也能找到包名和 Activity 名称。以省电管理 PowerKeeper App 为例，请读者观察图 5.6 方框选中的内容。

这种方法多多少少要靠"猜"，脱离了具有 Activity 精准启动日志的 Logcat，想要直接找到对应的界面确实不容易。运气好的话可能一下子就会发现答案，不好的话就要反复尝试了。

图 5.6　PowerKeeper App 的 AndroidManifest.xml

### 方法三：使用现有成果

除了上述两种方法外，还可以通过在网上查找的方式获取众多品牌厂商的相关信息，这种方式看上去很方便快捷，但要注意时效性，网络上有些文章由于发布时间过早，放到今天来看已经不适用；或者像前面的例子，有些文章只讲述了如何跳转到自启动，没有涉及省电管理，或者设计了省电管理，却缺失了跳转自启动的方法，这样的文章就缺少完整性。

笔者给各位读者的建议是，为了节约开发时间成本，一上来就使用方法三进行编码，然后到真机上测试，并留意那些缺少完整性的部分，可结合方法一或方法二进行补充。这样一来，我们的 App 便比较完善了。

## 5.2.2　白名单内的 App 为何会被杀

添加进系统以及各厂商各类手机管家的白名单就意味着万事大吉了吗？并不是。

随着开发的推进，App 的功能逐步增加，整个项目也趋于完善，眼看着距离交付时间越来越近，这时测试人员报告了一个不好的消息：接收推送又发生了延迟，消息又有漏掉的现象。

此时的你是不是很崩溃呢?

### 1. 原因分析

我们都知道,Android 操作系统有这样的机制:当内存空间不足、系统资源过低时,系统会按照 App 的优先级清理掉那些重要度不高的程序。如果我们的推送服务恰好在被清理的名单中,那么被清理只是时间问题。可见,在测试人员处能及时发现这个问题是多么宝贵。毕竟用户的手机可能会同时运行更多的 App,被清理的可能性会更大,也可能会更加频繁。

那么,如何判断确实是由于内存不足造成 App 被杀呢?这就要通过获取 App 运行状态来判断了。

### 2. 获取App运行状态

首先,我们要拿到那台可以复现问题的机器,然后到去看看它触发内存清理的时刻。

Android 系统中使用一个配置文件来表示内存阈值,该值根据 App 不同运行状态有多个值。一旦可用内存小于等于这个值,相应运行状态的 App 就会被清理掉。表 5.1 是配置了 2GB 内存的小米手机的内存清理阈值以及对应的 App 运行状态。

表 5.1　内存阈值举例

| 运行状态 | 内存阈值 |
| --- | --- |
| FOREGROUD_APP（前台进程） | 14746（大约 57MB） |
| VISIBLE_APP（可见进程） | 18432（72MB） |
| SECONDARY_SERVER（次要服务） | 22118（大约 86MB） |
| HIDDEN_APP（后台进程） | 25805（大约 100MB） |
| CONTENT_PROVIDER（内容提供者） | 40000（大约 156MB） |
| EMPTY_APP（空进程） | 55000（大约 215MB） |

很明显,在这台设备上,一旦可用内存小于或等于 72MB,只要程序不在前台运行,将会被清理掉。

这里要特别说明前台进程和可见进程的区别。一般来讲,它们本质的不同是当前是否正在处于与用户交互的状态。比如,你现在正在和一个名为 A 的 App 进行交互,突然名为 B 的 App 弹出了一个对话框,此时 A 由前台进程转为可见进程(此时 A 的界面被 B 的对话框挡住,虽然部分可见,但用户无法直接和 A 交互),B 变为前台进程。

注意,即使是相同生产厂商,内存阈值也会由于设备本身搭载内存大小的不同而有所变化。所以,笔者建议在做保活测试时,最好选择一款内存小的机器,并同时运行多个市场上常见的 App,让问题尽快暴露。

内存阈值的定义在/sys/module/lowmemorykiller/parameters/minfree 文件中,可以使用 cat 命令查看。原始数据转换为 MB 单位的方法是数值*4/1024。

只知道系统清理内存的原则还不够，还需要了解你开发的 App 占用内存以及各进程优先级的情况，这样才能确定问题是否确实是由于内存不足造成的。

要获取 App 的内存占用量，一种方法是利用在第 3 章介绍过的 Android Profiler，只要 App 处于 Debug 模式，就可以使用；另一种方法是通过 adb 命令，该方法适用性更广泛，不要求 App 必须处于 Debug 模式，而且能看到整个手机的内存占用情况。

下面我们先使用 adb 命令查看 KeepAliveDemo 的内存使用量。连接手机，启动 KeepAliveDemo，打开终端，输入：

```
adb shell dumpsys meminfo com.example.keepalivedemo
```

得到如图 5.7 所示的输出结果。

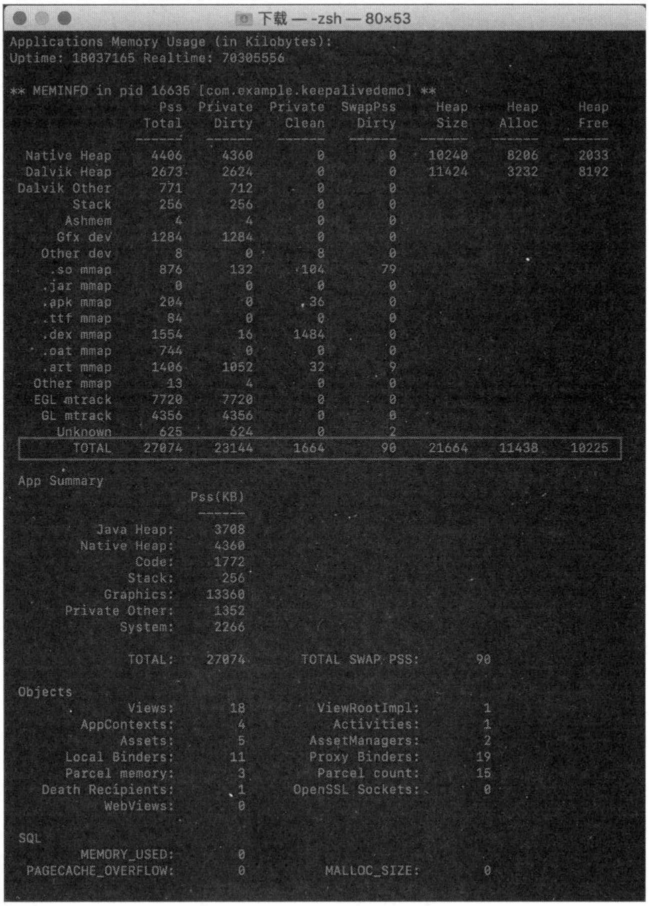

```
下载 — -zsh — 80×53
Applications Memory Usage (in Kilobytes):
Uptime: 18037165 Realtime: 70305556

** MEMINFO in pid 16635 [com.example.keepalivedemo] **
                   Pss  Private  Private  SwapPss     Heap     Heap     Heap
                 Total    Dirty    Clean    Dirty     Size    Alloc     Free
                ------   ------   ------   ------   ------   ------   ------
  Native Heap     4406     4360        0        0    10240     8206     2033
  Dalvik Heap     2673     2624        0        0    11424     3232     8192
 Dalvik Other      771      712        0        0
        Stack      256      256        0        0
       Ashmem        4        4        0        0
      Gfx dev     1284     1284        0        0
    Other dev        8        0        8        0
     .so mmap      876      132      104       79
    .jar mmap        0        0        0        0
    .apk mmap      204        0       36        0
    .ttf mmap       84        0        0        0
    .dex mmap     1554       16     1484        0
    .oat mmap      744        0        0        0
    .art mmap     1406     1052       32        9
   Other mmap       13        4        0        0
   EGL mtrack     7720     7720        0        0
    GL mtrack     4356     4356        0        0
      Unknown      625      624        0        2
        TOTAL    27074    23144     1664       90    21664    11438    10225

 App Summary
                       Pss(KB)
                        ------
           Java Heap:     3708
         Native Heap:     4360
                Code:     1772
               Stack:      256
            Graphics:    13360
       Private Other:     1352
              System:     2266

               TOTAL:    27074       TOTAL SWAP PSS:       90

 Objects
               Views:       18         ViewRootImpl:        1
         AppContexts:        4           Activities:        1
              Assets:        5        AssetManagers:        2
       Local Binders:       11        Proxy Binders:       19
       Parcel memory:        3         Parcel count:       15
    Death Recipients:        1      OpenSSL Sockets:        0
            WebViews:        0

 SQL
         MEMORY_USED:        0
  PAGECACHE_OVERFLOW:        0          MALLOC_SIZE:        0
```

图 5.7　查看 App 内存用量

方框内 TOTAL 列对应的数值就是 App 实际占用的内存。很明显，它现在占用了

27074KB，也就是不到 27MB。

接着，获取该 App 的运行优先级（需要取得 Root 权限）：

```
cat /proc/16635/oom_adj
```

执行后输出结果如图 5.8 所示。

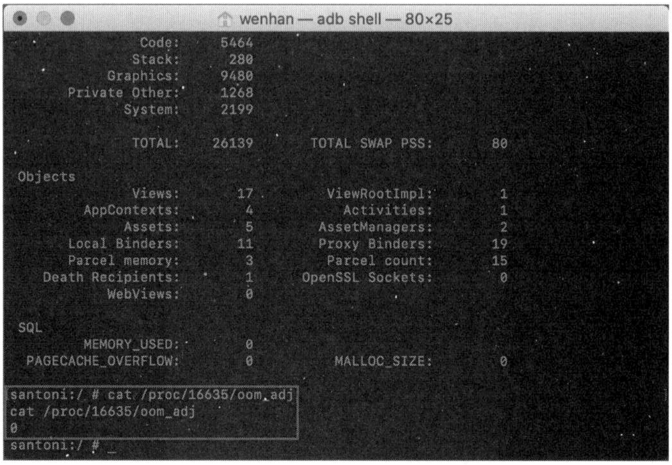

图 5.8　App 进程优先级

可见，该 App 优先级为 0，处于前台运行状态。

接下来测试点击 Home 切回 Launcher 以及点击 Back 退出 App，分别得到 12 以及 16 的优先级别。当 App 被强行停止后，再次执行命令，将得到报错信息。

进程优先级的数值有一个规律，即数字越小，优先级越高，比如在前台运行的 0，以及切回 Home 的 12，等等。该数值被定义在 Android 源码中，具体路径为 framework/base/core/java/com/android/server/am/ProcessList.java，感兴趣的读者可查阅源码。笔者在此简单总结了一下常用的数值及含义，供读者参考，如表 5.2 所示。

表 5.2　OOM_ADJ 部分数值定义

| OOM_ADJ 值 | 含　义 |
| --- | --- |
| -16 | 一般指 system 进程 |
| -11 | 框架进程或常驻 App，即 AndroidManifest.xml 中 persistent 值为 true 的 App |
| 0 | 前台 App |
| 1 | 可见应用或有 persistent 进程关联的 Service 或 Provider |
| 2 | 可感知进程，通常指 startService()且调用了 startForeground()的服务 |
| 5/8 | startService()启动的服务，但没有 Activity 在运行 |
| 6 | Home Launcher |
| 9-16 | 缓存进程，通常是切回 Home 的 App、Empty 进程等 |

看到这，你或许明白了那些网上所谓的通过提高优先级或保持前台的方式来保活 App 的原理了。实际上，它们就是利用 OOM_ADJ 值的不同，努力多争取进程不被清理掉的可能。

此外，对于没有 Root 权限的设备，还可以通过执行：

```
adb shell dumpsys meminfo
```

通过名称来获取进程优先级，如图 5.9 所示。

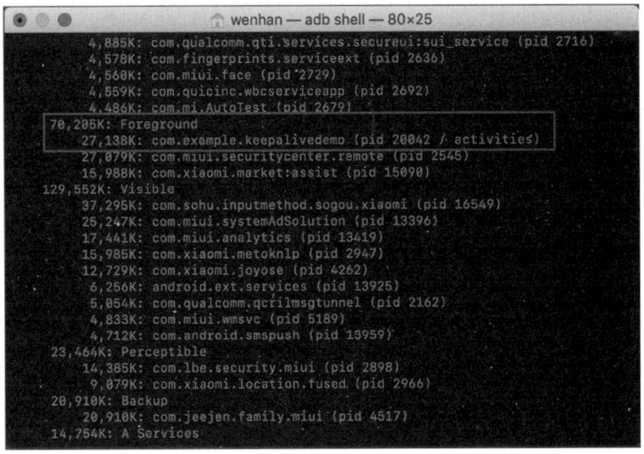

图 5.9　按优先级名称查看

系统总共的可用内存量可通过以下命令查看：

```
adb shell cat /proc/meminfo
```

执行后，可看到如图 5.10 所示的结果。

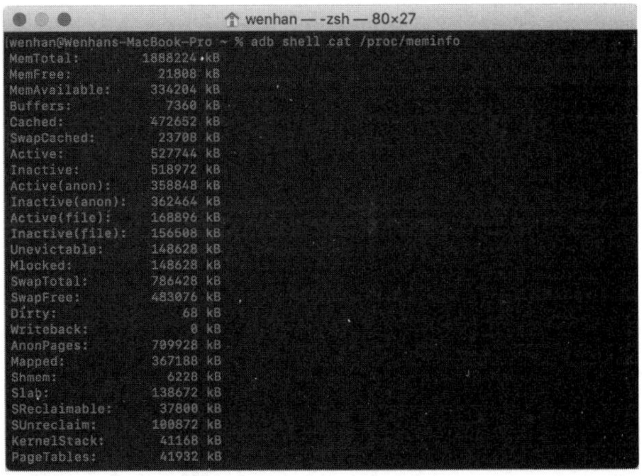

图 5.10　设备内存使用情况

现在，有了系统可用内存、App 所属进程优先级以及 App 内存占用量的信息，足够我们做出准确判断了。

## 5.2.3　重新设计推送服务

分析过原因后，我们不禁思考：如何保证推送服务在设备上稳定运行呢？

单方面提升进程优先级，或直接长时间播放无声音频……如果每个 App 都如此暴力，最终的结果就是手机整体运行体验不佳。

有没有办法优雅地实现推送保活呢？我们需要重新思考这个问题。

### 1. 推送服务的实现原则

正如前文所述，笔者不提倡用暴力的方式实现保活，这样会降低用户的整体使用体验，还会徒增手机功耗。所以，要实现推送服务的保活，一方面要结合前面的内容，引导用户添加白名单；另一方面，要使用"轻量级"进程，降低内存占用率。也就是说，让每个 App 的推送服务都单独占用极低的内存。同时，当 App 不再是前台应用时，及时清理内存消耗，让消息接收的逻辑只存在于推送服务的进程中。反过来，该进程也只包含推送服务的相关逻辑。

另外，由于这样的进程占用的内存极少，可以适当使用提升优先级以及被杀后及时复活的策略来保护这个进程。

### 2. 推荐推送服务保活的方式

（1）创建轻量级进程

我们先来聊聊通过轻量化进程达到保活的目的。以保活 Service 为例，如图 5.11 所示，可以看到名为 CounterService 的服务已经持续运行了一个半小时左右，并在大概不到 4 分钟前发生重启。这表明，即使有被系统回收的操作，服务仍然能够自动完成恢复。

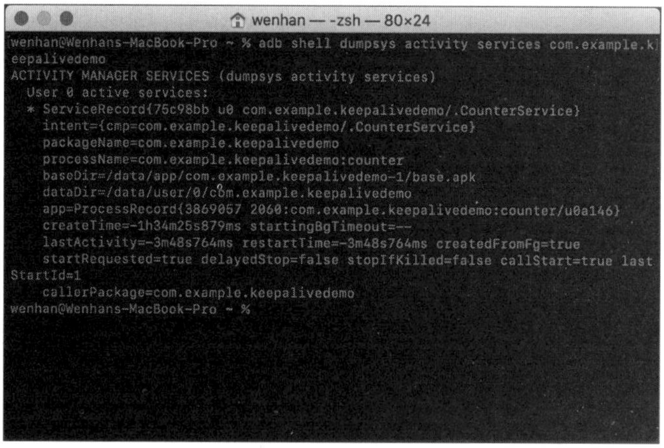

图 5.11　CounterService 持续运行

下面来看具体的代码实现。

首先创建一个 Service，名为 CounterService，该 Service 以单独的进程运行，摆脱了 App 主进程后，内存占用量很少。下面是 CounterService 类的完整代码：

```java
public class CounterService extends Service {
    private final String TAG = getClass().getSimpleName();
    @Override
    public void onCreate() {
        super.onCreate();
        Log.d(TAG, "onCreate");
    }
    @Nullable
    @Override
    public IBinder onBind(Intent intent) {
        Log.d(TAG, "onBind");
        return null;
    }
    @Override
    public void onDestroy() {
        super.onDestroy();
        Log.d(TAG, "onDestroy");
    }
}
```

接着，在 AndroidManifest.xml 文件中注册该 Service：

```xml
<service
    android:name=".CounterService"
    android:process=":counter" />
```

最后，在 MainActivity 中启动这个 Service：

```java
private void initData() {
    ...
    startService(new Intent(MainActivity.this, CounterService.class));
}
```

完成编码后运行该程序，可以看到名为 counter 的进程，它仅占用了 4MB 多一点的内存量，如图 5.12 所示。

图 5.12　counter 进程内存占用情况

可见，在该进程上集成推送服务是明智的选择，它足够小。经过测试，将 App 置于后台，打开很多其他的 App，此时系统资源不足，将之前置于后台的 App 逐个清理了，但 counter 进程却可以持续运行很久才被系统回收。这说明其健壮性还是可圈可点的。

此外，如果读者想要进一步增强进程的存活能力，还可以监听某些系统广播，实现更快地重启进程。当然，这要求用户已经将 App 添加到白名单作为前提。

另一方面，由于用户将我们的 App 添加到白名单中，这就等于充分相信 App 不会在手机上胡作非为，包括系统资源的滥用，这是作为开发者特别要警戒的一点。

（2）集成厂商推送

另一种方式是集成各厂商的推送服务。别急，这里并不是要求开发者去各厂商分别下载推送 SDK，分别阅读开发文档，这样太费事了。

笔者建议使用腾讯的信鸽推送，截至作者撰稿时，该平台已经集合了华为、小米、魅族、Vivo 和 Oppo 五家手机厂商的推送通道，此外，还支持 Google 的 Firebase 以及自建推送通道。有了这几家厂商的推送通道，实际上就覆盖了市场上的大部分用户。虽然通过信鸽使用各厂商自己的推送通道可以达到一次集成的目的，但各厂商的 AppID、AppKey 等参数还需要分别进行注册才行。具体请各位读者详细参考信鸽 API 文档以及各手机厂商的应用申请说明。

# 第6章

# 网络性能优化专题

    网络交互可能是 App 中非常频繁的操作了。而且无论是何种类型的 App，都会涉及网络交互。再加上用户实际使用环境复杂多变，低速的网络接入、WIFI 和数据切换等都会影响网络交互的稳定性。作为开发者，需要充分考虑到这些因素，增强网络交互稳定性的同时，提高交互效率。

    在本章内容开始前，笔者建议读者在做网络性能优化时，尽量创造恶劣的网络条件，比如仅有 3G 信号、Wifi 连接经常不畅、Wifi 不定时断开等情况，这样才更接近用户的真实使用场景，也保证了 App 的稳定性、健壮性。

## 6.1　网络交互与多线程

    我们都知道，和网络交互关系紧密的，可能就要属多线程了。在 Android App 中，通常将网络请求放到非 UI 线程中进行，等待接收响应结果，并将结果返回给 UI 线程，最终完成整个网络请求过程。

    看似常见且恰当的处理方式，会引发怎样的问题呢？

## 6.1.1 从 AsyncTask 谈起

如果你正在使用 Android 中的 AsyncTask 发起网络请求，那就要注意了。

想象一下这样的场景：一个在线商城 App，A 界面显示商品列表，B 界面显示单个商品详情。此时，用户在 A 界面浏览商品列表，但由于网络状况很差，列表中的商品并没有加载完全，而恰好在加载时，用户点击了某个商品，跳转到 B 界面，B 界面中的内容也需要从网络上获取，这时就有麻烦了。

默认情形下，AsyncTask 会根据网络请求的先后进行队列式的处理。也就是说，尽管用户来到 B 界面，但由于之前 A 界面中的内容还没有获取完，AsyncTask 又是串行排队执行的，因此还会继续等待，直到 A 界面中的网络交互全部完成，再加载 B 界面中的内容。但由于网络状况欠佳，因此用户要等待很久。

考虑到现在用户亟需看到的是 B 界面中的内容，解决方案可能是这样的：先取消 A 界面中无关紧要的网络请求，优先加载 B 界面中的内容。然后去看 AsyncTask 的 API，发现里面有 cancel()方法，而且还可以添加 boolean 值，以便立即终止 doInBackground()中的逻辑。于是我们就这么做了，但结果却是 cancel()方法并没有起到终止 doInBackground()的作用，而且无论 boolean 值为 true 或 false，结果都是一样的。

多说无益，我们用一个简单的例子回顾一下 AsyncTask 的用法。

### 1. 情景再现

这里需要实现的功能是简单的秒表，最大可以计到 5 秒，实际需要到 3 秒就停止计时。先来看看具体的代码实现片段：

```
static class ProgressDemoAt_1 extends AsyncTask {
    private final String TAG = getClass().getSimpleName();
    private int count;
    @Override
    protected Object doInBackground(Object[] objects) {
        while (count < 5) {
            try {
                Thread.sleep(1000);
                count++;
            } catch (InterruptedException ignored) {
            }
            Log.d(TAG, "ProgressDemoAt_1 count value: " + count);
            publishProgress();
        }
        return null;
```

```
    }
    @Override
    protected void onProgressUpdate(Object[] values) {
        Log.d(TAG, "ProgressDemoAt_1 onProgressUpdate run!");
        if (count >= 3) {
            cancel(true);
            Log.d(TAG, "ProgressDemoAt_1 canceled");
        }
    }
}
```

仔细阅读上面的代码片段，在 onProgressUpdate() 方法中做了判断，当 count 值大于或等于 3 时，时间到，于是 cancel 掉线程操作。这就相当于用户在 A 界面的网络请求操作未完成时跳转了 B 界面。而 doInBackgound() 方法中的结束条件是 count 值大于或等于 5。这就相当于模拟了 A 界面的网络操作延迟完成的现象。

运行这段代码，我们发现了一个有趣现象：当 cancel() 方法被调用后，onProgressUpdate() 方法确实不会回调了，但 doInBackgound() 方法并未打断。也就是说，看上去是停止了操作，但实际上并没有。以下是从 Logcat 中输出的日志信息：

```
ProgressDemoAt_1 count value: 1
ProgressDemoAt_1 onProgressUpdate run!
ProgressDemoAt_1 count value: 2
ProgressDemoAt_1 onProgressUpdate run!
ProgressDemoAt_1: ProgressDemoAt_1 count value: 3
ProgressDemoAt_1: ProgressDemoAt_1 onProgressUpdate run!
ProgressDemoAt_1: ProgressDemoAt_1 canceled
ProgressDemoAt_1: ProgressDemoAt_1 count value: 3
ProgressDemoAt_1: ProgressDemoAt_1 count value: 4
ProgressDemoAt_1: ProgressDemoAt_1 count value: 5
```

那么，如果我们在 cancel 这个任务后，无视这个任务的状态而立即执行其他的异步任务，会发生怎样的现象呢？我们尝试在执行完 cancel() 方法后，立即启动一个新的 AsyncTask，具体代码如下：

```
static class ProgressDemoAt_1 extends AsyncTask {
    private final String TAG = getClass().getSimpleName();
    private int count;
    @Override
    protected Object doInBackground(Object[] objects) {
        while (count < 5) {
            try {
```

```
                    count++;
                    Thread.sleep(1000);
            } catch (InterruptedException ignored) {
            }
            Log.d(TAG, "ProgressDemoAt_1 count value: " + count);
            publishProgress();
        }
        return null;
    }
    @Override
    protected void onProgressUpdate(Object[] values) {
        Log.d(TAG, "ProgressDemoAt_1 onProgressUpdate run!");
        if (count >= 3) {
            cancel(true);
            Log.d(TAG, "ProgressDemoAt_1 canceled");
            AsyncTask progressDemoAt = new ProgressDemoAt_2();
            progressDemoAt.execute();
            Log.d(TAG, "Execute ProgressDemoAt_2");
        }
    }
}
static class ProgressDemoAt_2 extends AsyncTask {
    private final String TAG = getClass().getSimpleName();
    private int count;
    @Override
    protected Object doInBackground(Object[] objects) {
        while (count < 5) {
            try {
                count++;
                Thread.sleep(1000);
            } catch (InterruptedException ignored) {
            }
            Log.d(TAG, "ProgressDemoAt_2 count value: " + count);
            publishProgress();
        }
        return null;
    }
    @Override
    protected void onProgressUpdate(Object[] values) {
        if (count >= 3) {
```

```
            cancel(true);
            Log.d(TAG, "ProgressDemoAt_2 canceled");
        }
    }
}
```

可以看到，ProgressDemoAt_1 和 ProgressDemoAt_2 很像，都是秒表总共计 5 秒，在计到 3 秒时触发 cancel() 方法。不同的是，在 ProgressDemoAt_1 中，执行 cancel() 后启动 ProgressDemoAt_2。

运行这段代码，观察 Logcat 输出，得到如下结果：

```
ProgressDemoAt_1: ProgressDemoAt_1 count value: 1
ProgressDemoAt_1: ProgressDemoAt_1 onProgressUpdate run!
ProgressDemoAt_1: ProgressDemoAt_1 count value: 2
ProgressDemoAt_1: ProgressDemoAt_1 onProgressUpdate run!
ProgressDemoAt_1: ProgressDemoAt_1 count value: 3
ProgressDemoAt_1: ProgressDemoAt_1 onProgressUpdate run!
ProgressDemoAt_1: ProgressDemoAt_1 canceled
ProgressDemoAt_1: Execute ProgressDemoAt_2
ProgressDemoAt_1: ProgressDemoAt_1 count value: 4
ProgressDemoAt_1: ProgressDemoAt_1 count value: 5
ProgressDemoAt_2: ProgressDemoAt_2 count value: 1
ProgressDemoAt_2: ProgressDemoAt_2 count value: 2
ProgressDemoAt_2: ProgressDemoAt_2 count value: 3
ProgressDemoAt_2: ProgressDemoAt_2 canceled
ProgressDemoAt_2: ProgressDemoAt_2 count value: 4
ProgressDemoAt_2: ProgressDemoAt_2 count value: 5
```

可以看到，即使执行了 cancel()方法，也会由于前一个任务未完成，造成后面的任务等待的现象。

那么，如果同时启动这两个线程呢？笔者按照如下方式启动，发现和上面的结果是一致的：

```
AsyncTask progressDemoAt_1 = new ProgressDemoAt_1();
progressDemoAt_1.execute();
AsyncTask progressDemoAt_2 = new ProgressDemoAt_2();
progressDemoAt_2.execute();
```

造成上述状况的原因在于 AsyncTask 是串行执行的，因此无论我们怎样挣扎，结果都是一致的。

### 2. 应对策略

对于上例，既然通过 cancel()方法无法停止线程，最为直接的改进方案或许就是添加一个状态判断。

由于篇幅所限，这里仅以 ProgressDemoAt_1 中 doInBackground()方法的实现为例，代码如下：

```
@Override
protected Object doInBackground(Object[] objects) {
    while (count < 5 && !isCancelled()) {
        try {
            count++;
            Thread.sleep(1000);
        } catch (InterruptedException ignored) {
        }
        Log.d(TAG, "ProgressDemoAt_1 count value: " + count);
        publishProgress();
    }
    return null;
}
```

可以看到，这段代码前后的区别就在于 while 中的判断条件。isCancelled()可以返回当前是否处于 cancel 状态，换言之，一旦我们调用了 cancel()方法，isCancelled()就返回 true。

在 ProgressDemoAt_2 中也改变这个判断条件，再次运行，可以看到 Logcat 中的结果如下：

```
ProgressDemoAt_1: ProgressDemoAt_1 count value: 1
ProgressDemoAt_1: ProgressDemoAt_1 count value: 2
ProgressDemoAt_1: ProgressDemoAt_1 canceled
ProgressDemoAt_1: ProgressDemoAt_1 count value: 3
ProgressDemoAt_2: ProgressDemoAt_2 count value: 1
ProgressDemoAt_2: ProgressDemoAt_2 count value: 2
ProgressDemoAt_2: ProgressDemoAt_2 count value: 3
ProgressDemoAt_2: ProgressDemoAt_2 canceled
```

至此，问题解决。

## 6.1.2 正确使用 AsyncTask

通过 6.1.1 小节中的示例，我们看到了 AsyncTask 的机制以及应对策略。那么，在实际的网络交互发生时，应该如何妥善处理呢？这里笔者提供了两种解决方案。

### 1. 使用AsyncTask的正确方法

假设目前有如下需求：给定一组网络地址，依次下载这些图片，显示在界面上，并保存到磁盘中以备后用。实现思路是这样的：使用 HashMap 数据结构保存网络地址和本地磁盘文件名，启动一个 AsyncTask，依次遍历 HashMap 中的网络路径进行下载。下载完成后，将网络输入流转换为 Bitmap 对象进行显示。另外，再把 Bitmap 对象压缩保存为本地 JPG 文件。

首先实现 Bitmap 压缩方法，具体代码如下：

```
private static void compressImage(Bitmap bitmap, File downloadFile) {
    try {
        if (downloadFile.createNewFile()) {
            ByteArrayOutputStream byteArrayOutputStream = new
ByteArrayOutputStream();
            bitmap.compress(Bitmap.CompressFormat.JPEG, 100,
byteArrayOutputStream);
            try {
                FileOutputStream fos = new FileOutputStream(downloadFile);
                try {
                    fos.write(byteArrayOutputStream.toByteArray());
                    fos.flush();
                    fos.close();
                } catch (IOException e) {
                    e.printStackTrace();
                }
            } catch (FileNotFoundException e) {
                e.printStackTrace();
            }
        }
    } catch (IOException e) {
        e.printStackTrace();
    }
}
```

该方法需要两个参数：一个是 Bitmap 对象；另一个是具体的本地存储文件的完整路径。

接着，我们再实现网络下载文件，并将其转换为 Bitmap 对象的方法，具体代码如下：

```
private static void fetchFromInternet(String url, String filePath) {
    try {
        File downloadFile = new File(fileDir.getAbsolutePath() +
File.separator + filePath);
        if (!downloadFile.getParentFile().exists()) {
```

```
            downloadFile.getParentFile().mkdirs();
        }
        if (downloadFile.exists()) {
            downloadFile.delete();
        }
        URL httpUrl = new URL(url);
        HttpURLConnection httpURLConnection = (HttpURLConnection)
httpUrl.openConnection();
        httpURLConnection.setConnectTimeout(5000);
        httpURLConnection.setRequestMethod("GET");
        if (httpURLConnection.getResponseCode() ==
HttpURLConnection.HTTP_OK) {
            InputStream inputStream = httpURLConnection.getInputStream();
            Bitmap bitmap = BitmapFactory.decodeStream(inputStream);
            compressImage(bitmap, downloadFile);
        }
    } catch (IOException e) {
        e.printStackTrace();
    }
}
```

上述代码中，我们一方面将输入流转换为 Bitmap 对象，另一方面调用了 compressImage()
方法，将 Bitmap 对象按照 JPG 格式压缩，并保存到本地。

最后，实现 AsyncTask 异步执行操作：

```
static class FetchImageAt extends AsyncTask {
    private HashMap<String, String> downloadList;
    private FetchImageAt(HashMap<String, String> downloadList) {
        this.downloadList = downloadList;
    }
    @Override
    protected Object doInBackground(Object[] objects) {
        for (Map.Entry<String, String> entry : downloadList.entrySet()) {
            String url = entry.getKey();
            String filePath = entry.getValue();
            fetchFromInternet(url, filePath);
        }
        return null;
    }
}
```

最后，在界面上摆放两个按钮，一个用来启动 AsyncTask，另一个用来终止它。二者的监听器行为如下：

```
fetchImageBtn.setOnClickListener(new View.OnClickListener() {
    @Override
    public void onClick(View v) {
        fetchImageAt = new FetchImageAt(downloadList);
        fetchImageAt.execute();
    }
});
stopAllBtn.setOnClickListener(new View.OnClickListener() {
    @Override
    public void onClick(View v) {
        if (fetchImageAt != null) {
            fetchImageAt.cancel(true);
        }
    }
});
```

下面让我们来运行程序吧。

不出意外，和计时器 Demo 相似，在图片列表未完全下载时点击"终止"按钮，doInBackground()中的循环仍会继续运行。列表中除了点击"终止"按钮时对应的图片未下载完全外，所有的图片文件仍会被下载。

那么，怎样彻底打断线程中的行为呢？

没错，同样是通过 isCanceled()方法判断，只要照猫画虎地将计时器 Demo 中的写法套用到这里就可以了。因此，上述 AsyncTask 类可修改为：

```
static class FetchImageAt extends AsyncTask {
    private HashMap<String, String> downloadList;
    private FetchImageAt(HashMap<String, String> downloadList) {
        this.downloadList = downloadList;
    }
    @Override
    protected Object doInBackground(Object[] objects) {
        for (Map.Entry<String, String> entry : downloadList.entrySet()) {
            if (!isCancelled()) {
                String url = entry.getKey();
                String filePath = entry.getValue();
                fetchFromInternet(url, filePath);
            }
```

```
        }
        return null;
    }
}
```

可以看到，在每一次循环中添加了是否被取消的判断。这样一来，就达到了彻底终止本次网络交互的目的。

### 2. 使用AsyncTask的注意事项

通过上面的演示，笔者总结了在使用 AsyncTask 时的一些注意事项。

首先，调用 cancel() 方法后，doInBackground() 方法会抛出 Warning 级别的 InterruptedIOException 异常，也就是说，cancel()方法并非完全没有作用。之所以在前面的例子中无论怎样都无法停止 doInBackground()中的操作，其根本原因是使用了循环，而代码中的 try...catch...结构恰好位于每次循环中，而不是循环外部，导致每次抛出的异常都只局限在每次循环中，这才造成了操作完全停不下来的结果。

读者可以尝试在 doInBackground()方法中只下载一个大文件，在开始下载后调用 cancel()方法，最终会发现其实是可以打断下载的。

所以，要特别说明的是，如果使用 AsyncTask 要在其中用到循环或其他不可中断的操作，就要格外小心了。

另外，如果读者开发的 App 支持横竖屏切换，就要特别注意 AsyncTask 和 UI 组件的交互。一旦 View 发生重建，AsyncTask 会由于持有之前的引用而无法看到重建后 UI 界面的更新。

最后，正是由于 AsyncTask 会持有相应 Activity 的引用，当 Activity 销毁后，如果 AsyncTask 没有做妥善的释放处理，就会有内存泄漏的风险。

## 6.2  海量数据传输优化

这一节，我们来介绍如何通过减少网络上传输的数据量达到提升网络性能的目的。这些技术实现起来并不难，笔者之所以在此花大笔墨来总结，是因为在实际开发中，这些方法很容易成为"被遗忘的角落"。另外，通过这些技术进行优化后的改善效果明显，性价比较高，推荐读者在开发过程中恰当地使用它们，尤其是重度依赖网络交互的 App。

### 6.2.1  使用 GZIP 压缩

事实上，GZIP 压缩传输的技术已经由来已久了，它是目前网络交互中使用非常普遍的数据压缩格式，多用于传输 HTML、CSS、JavaScript 等内容。GZIP 是 GNU ZIP 的缩写，在某些情形下，其压缩比可以达到 80%，平均起来也有 40%左右。有一种和 GZIP 类似的压缩格式 ZLIB，通常用于 PNG 格式图片的压缩，这里重点介绍 GZIP。

特别说明：某些情况下，使用 GZIP 会适得其反，比如传输本就经过压缩的数据，如 JPG、PNG 等。另外，对于数据量本来就很小的情况，也无须启用 GZIP 压缩。

### 1. 未启用GZIP压缩的HTTP响应

为了对比启用 GZIP 压缩后的效果，我们先按照传统的思路进行 HTTP 请求。以获取网易首页的 HTML 文档为例，关键代码如下：

```
private static String getHtmlContent() {
    try {
        URL url = new URL(HTML_URL);
        HttpURLConnection connection = (HttpURLConnection)
url.openConnection();
        connection.setRequestMethod("GET");
        connection.setConnectTimeout(5000);
        int code = connection.getResponseCode();
        if (code == 200) {
            return convertToString(connection.getInputStream());
        }
    } catch (Exception e) {
        e.printStackTrace();
    }
    return null;
}
```

这是一段非常典型且简单的 get 请求，在 AsyncTask 中调用该方法，完成整个请求过程。

接下来，我们启动 Android Profiler 中的 Network Profiler 工具，监视网络交互过程，结果如图 6.1 所示。

显而易见，在启用 GZIP 压缩的情况下，获取网易首页的数据量总共为 488KB。下面看看启用 GZIP 后需要传输多少数据量。

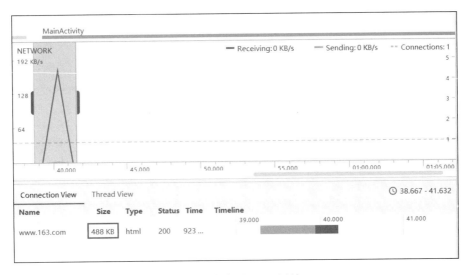

图 6.1　未启用 GZIP 压缩

## 2. 启用GZIP压缩的HTTP响应

使用 GZIP 的前提是要求服务端支持 GZIP，以及客户端在 HTTP 请求头处添加启用 GZIP 的信息。

具体代码的实现通过改造上例中的 getHtmlContent()方法完成，具体如下：

```java
private static String getHtmlContent() {
    try {
        URL url = new URL(HTML_URL);
        HttpURLConnection connection = (HttpURLConnection)
url.openConnection();
        connection.setRequestMethod("GET");
        connection.setConnectTimeout(5000);
        connection.setRequestProperty("Accept-Encoding", "gzip");
        int code = connection.getResponseCode();
        if (code == 200) {
            String contentEncoding = connection.getContentEncoding();
            if (contentEncoding != null && contentEncoding.equals("gzip")) {
                return convertToString(new
GZIPInputStream(connection.getInputStream()));
            } else {
                return convertToString(connection.getInputStream());
            }
        }
    } catch (Exception e) {
```

```
        e.printStackTrace();
    }
    return null;
}
```

再次启动 App，并使用 Network Profiler 监控网络流量，发现传输的数据极大地减少了，如图 6.2 所示。

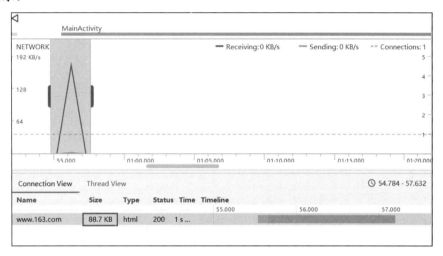

图 6.2　已启用 GZIP 压缩

通过对比，我们发现压缩后的数据大小仅为 88.7KB，对比之前的 488KB，减少了将近 82%。

和获取响应数据类似，当我们需要上传数据时，也可以使用 GZIP 压缩技术减少流量消耗，提升传输效率。相应地，应使用 GZIPOutputStream 对象实现。具体的代码实现这里就不再赘述了，请读者自行实践。

## 6.2.2　数据增量更新技术

如果说，GZIP 只是解决表面问题，那么我们不妨更极端一些，有没有办法让问题根除呢？换句话说，GZIP 通过压缩的方式确实可以减少数据传输量，但说到底，数据的内容并没有发生改变。如果我们可以直接省略一些内容，只传输有意义的数据，再结合 GZIP 压缩，这样的组合拳打出来，是不是更好呢？

### 1. 典型案例

哪些真实场景可以允许我们精简数据的传输呢？

一个典型的场景就是对于那些很少发生改变但又很重量级的数据结构，比如城市列表信息、全国大学校名、城市道路信息等，这些内容在一般情况下是不会发生改变的，但又不是永久不变的。再加上这些数据量本身就很庞大，一般的做法就是将其保存为一个文本文件，APK打包时包含这个文件，随着版本上线一起发布。当这些信息发生改变时，传统的做法可能就是重新生成一个文件，然后随新版本的发布一起更新。这样做也没什么错，但是不方便，用户必须重新下载安装才能完成更新。另一种做法是在线更新，也是笔者要详述的方法。在线更新要求 App 在合适的时机对这些静态数据进行更新检查，当检测到更新版本时，自动下载新的静态数据文件完成更新。这样做省去了重新下载安装 App 的麻烦，但实现起来较为复杂，需要考虑很多情况，比如：更新数据是重新下载全部数据，还是只下载发生变化的部分。如果采用后者，那么跨版本更新该如何实现呢？要知道，这里的数据增加、删除、修改都是有可能的。

## 2. 数据增量更新实践

为了达到尽可能少的数据传输量，尽可能快的数据传输速度，笔者的解决方案是增量更新，即只下载发生变化的部分。那么具体是如何设计的呢？我们接着往下看。

```json
{
    "campus": {
        "data": [{
            "cityName": "北京",
            "campusList": ["北京大学", "中国人民大学", "清华大学", "北京交通大学"]},
            ...]
    }
}
```

上述 JSON 代码是全国大学的名录，但未包含所有的学校。这段 JSON 代码将作为静态数据，保存到 assets 资源目录中，随 APK 一起分发。在实际开发中，这种情况常见于某个功能暂未支持所有学校的情况。当有新的学校加入时，就要更新 JSON 数据了。但就目前来看，并没有作为更新方式的具体判断依据字段。于是，考虑添加一些辅助字段支持差异更新，具体如下：

```json
{
    "campus": {
        "version": 1,
        "timeStamp":202003151146,
        "data": [{
            "cityId": 1,
            "cityName": "北京",
            "updateMode":1,
            "campusList": ["北京科技大学", "中国石油大学(北京)", "中国矿业大学(北
```

```
京)"]},
            ...]
        }
    }
```

上面这段 JSON 片段是通过请求更新、由服务端返回的数据示例。客户端与服务器各自的逻辑是这样的：

（1）客户端

首先，调用查询数据更新接口获取数据，请求参数为字段 version 和 timeStamp 的值。version 用来定义数据版本，在整个数据结构发生改变时，这个值才会有变化。一旦这个值有所改变，就意味着整个 JSON 结构有所改变，必须进行全量更新。timeStamp 用来定义当前数据的更新时间，主要提供给服务端，目的是让服务端对客户端数据是否需要更新以及更新哪些内容做出准确判断。

然后，等待服务端结果。当服务端返回的 timeStamp 值不晚于请求参数中对应的值且 version 不变时，数据无须更新。当 version 值改变时，清除原有的数据，保存服务端返回的结果。当 version 值不变，timeStamp 值发生改变时，查看 data 数组字段中每个元素的 updateMode 值，该字段表示如何处理数据。比如上面的示例中，若值为 1，则表示新增，而 2 则表示删除。

当 updateMode 值为 1 时，检查原有数据是否有对应 cityId 值的数据。比如，在本例中，原有数据包含 cityId 为 1 的数据。处理方式为将 campusList 中的值逐一追加到原有数据即可。若原有数据并不包含 cityId 为 1 的数据，则添加返回数据中 cityId 为 1 的全部信息。

当 updateMode 值为 2 时，检查原有数据是否有对应 cityId 值的数据。若原有数据并不包含 cityId 为 2 的数据，则无须处理。反之，删除原有数据中 cityId 为 2 对应的 campusList 中的相应元素（即使是删除数据，服务器返回的结果中 campusList 也会有值，表示删除哪些元素）。

最后，更新客户端 timeStamp 的值，保存修改后的数据，完成差异更新流程。

（2）服务端

服务端的工作相对简单一些，当接收到服务端的请求时，根据 version 和 timeStamp 的值进行对比，将差异数据返回给客户端即可。不过，服务端的差异比较不仅要比较版本之间的不同，还要准备旧有的各版本数据到最新版本的差异数据，在处理上可能会麻烦一些。

为什么差异比较要放在服务端做呢？因为差异比较是"重量级"任务。一方面，差异比较可能会引发大量的数据计算，如果所需算力较为庞大，那么放到服务端是明智的选择；另一方面，如果要跨版本更新，就可能需要用到逐个版本更新的数据，这些数据量加在一起未必比全量更新少。综上，在服务端进行差异比较是更优选择。

因此，对于上例而言，最终更新后的结果是这样的：

```
{
    "campus": {
```

```
        "version": 1,
        "timeStamp":202003151146,
        "data": [{
            "cityId": 1,
            "cityName": "北京",
            "updateMode":1,
            "campusList": ["北京大学", "中国人民大学", "清华大学", "北京交通大学
", "北京科技大学", "中国石油大学(北京)", "中国矿业大学(北京)"]},
            ...]
    }
}
```

### 3. 其他可用的解决方案

除了上述更新方案外，笔者还推荐使用 HTML 5。它既可以减小 APK 大小（无须再内置 JSON 数据），还能保证获取到的数据总是最新的（只需服务端维护一个最新的数据即可），但缺点是必须保证网络通畅才行。当然，还可以考虑缓存网页代码，在网络不好的时候使用它。

## 6.2.3  图片文件传输效率优化

影响网络交互性能的一大重要因素是多媒体文件的传输，在网络相册、在线视频等 App 中尤为明显，而且 GZIP 并不适用于多媒体文件类型（常见的 JPG、PNG 是已经压缩过的文件，使用 GZIP 只能适得其反）。

本小节就来讨论如何优化这些文件的传输。

### 1. 获取合适尺寸的图片

早在第 3 章中，我们就发现了一种减小图片下载大小的方法——通过向服务器请求适当大小的图片，详细做法可参考 3.4 节，包含分析和获取的具体做法。

### 2. 使用WebP格式减小图片文件大小

在 API Level 17（Android 4.2.1），即更高版本的 Android 操作系统中，内置了 WebP 格式支持，它被认为是传统 JPG、PNG 格式的替代者。统计数据显示，WebP 对于无损图片的压缩较 PNG 格式平均缩小 26%，对于有损图片的压缩较 JPG 格式缩小 25%~34%，较 PNG 格式缩小约 60%。但要注意，如果传输的图片格式为GIF，那么转为WebP后将变为静态图片。笔者的建议是在实际网络传输中尽可能多采用 WebP 格式，仍在使用 Android 4.2.1 版本操作系统的用户少之又少。

### 3. 正确使用JPG或PNG格式

如果你迫不得已或因为其他原因必须采用 PNG 或 JPG 格式，这里有一些对于它们的优化方案。

需要特别注意的是，如果你可以在 PNG 或 JPG 格式的选择上做决定，切勿想当然地认为 PNG 格式一定比 JPG 格式的文件大。一般规律是：对于内容较为复杂的图像，JPG 格式会更小，比如风景照片、人物照片等；对于色彩较为简单且连续的图像，PNG 格式会更小。

读者可按如下方式进行对比检查：在网络上找到一张照片，分别将其保存为JPG和PNG两种格式，一般情况下，会发现 PNG 格式的文件更大。然后找一张纯色图片，也将其保存为 JPG 和 PNG 两种格式，一般情况下，会发现 JPG 格式的文件更大。

图 6.3 和图 6.4 所示是笔者的对照结果。

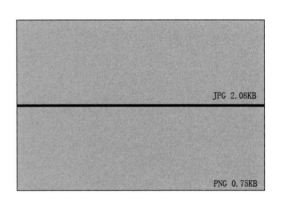

图 6.3　JPG 和 PNG 格式文件大小对比图 1　　　图 6.4　JPG 和 PNG 格式文件大小对比图 2

### 4. 使用Butteraugli工具

Butteraugli 工具是由 Google 开发的一款开源工具，在实际开发中，它可以用来压缩原图。压缩后的图片可以达到"人眼无法察觉"的地步，但文件实际大小会被减少。

Butteraugli 工具的另一个妙用是对比压缩前和压缩后两张图的差异，具体使用方式参见：https://github.com/google/butteraugli。

# 第**7**章

# 优化 APK 体积

这一章我们介绍如何减小 APK 体积,这样做的优势是很明显的,它可以帮助用户更快地下载 App,并加速安装/更新过程。

## 7.1　APK 内部结构一瞥

在动手打包前,我们先了解一下 APK 文件的内部构造。要查看 APK 文件中都包含哪些内容,可以通过 Android Studio 中的 Analyze APK 功能查看。依次单击 Android Studio 工作区上方的 Build 菜单以及 Analyze APK...菜单项,并在弹出的窗口中选择要查看的目标 APK 文件,即可启动分析。另外,对于编译产出 APK 文件,还可以在 Event Log 视图中找到快捷执行入口。

如图 7.1 所示,该工具不仅可以还原 XML 类型代码的原始内容和各类资源文件,而且连 Dex 文件也能还原,比起手动解压查看要简单直观得多。

除了上述方法外,我们还可以直接将 APK 文件解压,解压后的 APK 文件结构如图 7.2 所示。

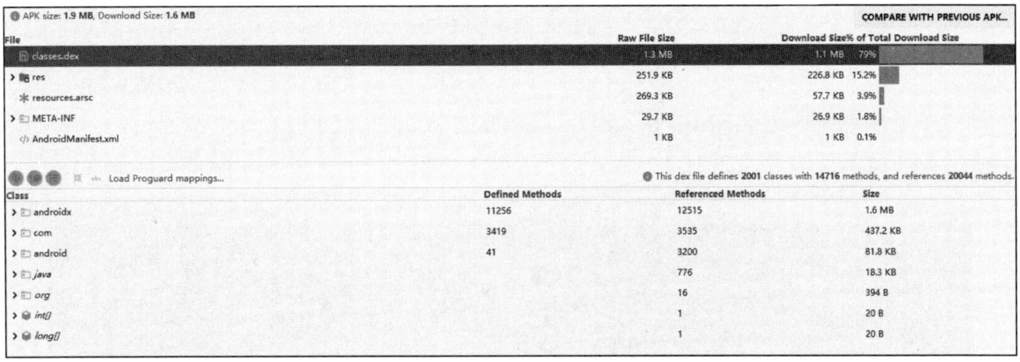

图 7.1　使用 Analyze APK 功能分析安装包文件

图 7.2　APK 文件结构

根据 App 功能和打包时的具体操作差异，文件结构可能会有所区别，但大体相当。

无论采用上述哪种方法，我们都可以发现，这个 APK 文件内部是由 5 个文件和文件夹组成的，它们是构成一个 APK 安装包不可或缺的内容。下面逐个了解它们。

- AndroidManifest.xml：该文件对应源代码中的同名文件，它保存着一个App的名字、版本信息、所需权限、自定义数据、Activity配置信息等。唯一不同的是，解压后的文件是经过处理的，直接使用文本查看器是无法看到原始数据的。

有两种办法可以解决这个问题：一种是使用 RE 浏览器，当然，使用该方法只能在手机上查看，但好处是无须解压 APK；另一种方法是在计算机上使用 AXMLPrinter2 工具还原 AndroidManifest.xml 文件，具体通过执行：

```
java -jar AXMLPrinter2.jar AndroidManifest.xml
```

命令实现。

图 7.3 所示就是通过 AXMLPrinter2 工具获取的 AndroidManifest.xml 原始代码。截至撰稿时，该工具的最新版本号为 2016-02-27。

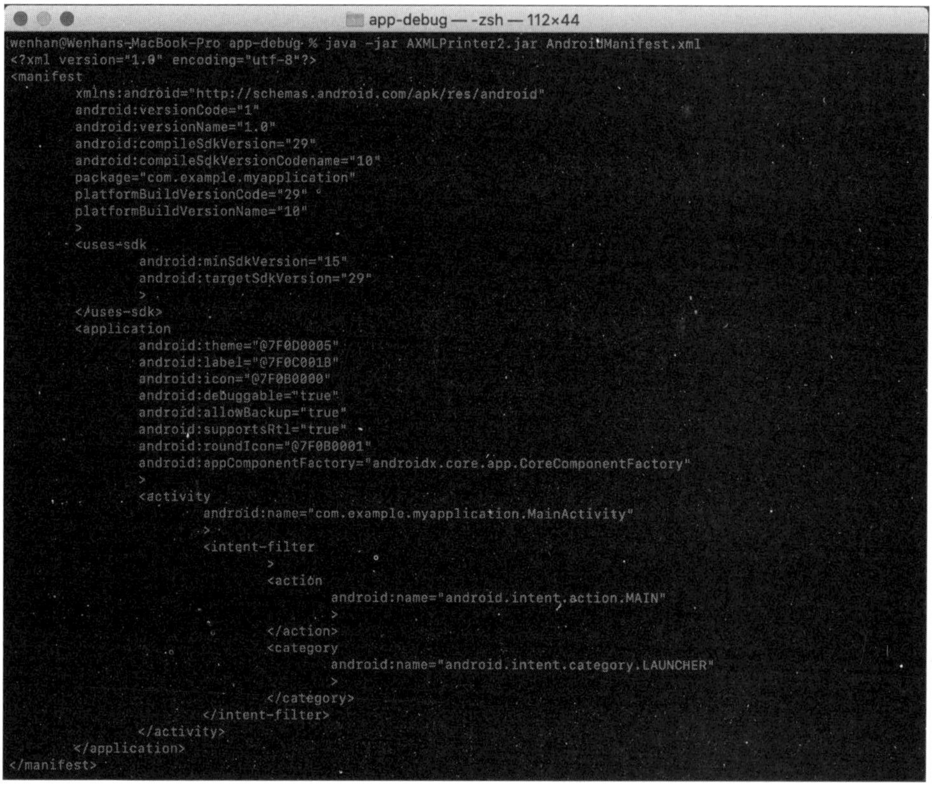

```
app-debug — -zsh — 112×44
wenhan@Wenhans-MacBook-Pro app-debug % java -jar AXMLPrinter2.jar AndroidManifest.xml
<?xml version="1.0" encoding="utf-8"?>
<manifest
	xmlns:android="http://schemas.android.com/apk/res/android"
	android:versionCode="1"
	android:versionName="1.0"
	android:compileSdkVersion="29"
	android:compileSdkVersionCodename="10"
	package="com.example.myapplication"
	platformBuildVersionCode="29"
	platformBuildVersionName="10"
	>
	<uses-sdk
		android:minSdkVersion="15"
		android:targetSdkVersion="29"
		>
	</uses-sdk>
	<application
		android:theme="@7F0D0005"
		android:label="@7F0C001B"
		android:icon="@7F0B0000"
		android:debuggable="true"
		android:allowBackup="true"
		android:supportsRtl="true"
		android:roundIcon="@7F0B0001"
		android:appComponentFactory="androidx.core.app.CoreComponentFactory"
		>
		<activity
			android:name="com.example.myapplication.MainActivity"
			>
			<intent-filter
				>
				<action
					android:name="android.intent.action.MAIN"
					>
				</action>
				<category
					android:name="android.intent.category.LAUNCHER"
					>
				</category>
			</intent-filter>
		</activity>
	</application>
</manifest>
```

图 7.3　还原后的 AndroidManifest.xml

需要特别注意的是，该工具不仅能还原 AndroidManifest.xml，还能还原 layout 中的 XML 布局文件以及 drawable 中的 XML 代码文件，它几乎对所有 XML 文件都适用。

- classes.dex：我们都知道，想要运行Java代码，需要先将其编译，生成class文件。在class中保存了字节码，再由Java虚拟机执行它们。在Android中则做了进一步优化，即将Java字节码转换为Dalvik字节码，由Dalvik虚拟机运行它。classes.dex文件保存了Dalvik字节码。
- META-INF：该目录中存放签名文件，用于校验APK文件的合法性。它通常包含4个文件：CERT.RSA、CERT.DSA、CERT.SF以及MANIFEST.MF。其中，CERT.RSA是打包release版本时，开发者利用私钥对APK进行签名的文件；CERT.sF和MANIFEST.MF文件描述了SHA-1哈希值。

- res：该目录存放各种资源文件，包括图片、文本等。它和resource.arsc文件配合使用，访问时要通过resource.arsc中记录的ID和资源的映射关系找到对应的资源文件。
- resources.arsc：该文件是编译后的二进制文件，通常包含ID和具体资源文件之间的映射关系以及源码中/res/values中的内容。

最后需要特别说明的是，由于不同APK在打包方式上有少许差异，文件结构可能与上述内容有所区别，但大多只限于文件名或目录名的不同，其作用和结构仍保持一致。

了解 APK 内部结构是学习后续内容的基础。

## 7.2 多渠道打包

现在，我们来介绍多渠道打包。第一个要明确的事情就是：为什么要这么做？

在第 5 章中，我们曾提到过这样一个现象：如果要尽可能让程序在尽可能多的设备上正常收到推送消息，通常的做法是集成各厂商独立的推送库。但这也带来了负面作用——各库之间是否有冲突？多个推送服务同时运行，会不会拖慢速度？引入这些库必然会导致 APK 体积变大。

面对这种现象，理想的做法是相应版本只集成相应厂商的推送服务，比如发布到华为应用市场的 APK 只集成华为的推送服务，发布到小米应用市场的 APK 只集成小米的推送服务。最后，再做一个集成通用推送服务的版本，比如极光推送，用来发布到通用的应用市场上，比如应用宝、百度应用市场等。

下面介绍如何进行多渠道打包，以及相关的 APK 体积优化技巧。

### 7.2.1 多渠道打包原理

减小 APK 体积的一种方法就是分渠道打包，其主要思想是只保留该渠道所用的资源，去除其他渠道专用的资源。这里的资源包括程序代码、资源文件以及第三方库。下面我们先从原理上介绍多渠道打包的重要知识点。

#### 1. buildTypes参数

涉及多渠道打包的核心难点是 build.gradle 文件以及不同版本的代码、库、资源等文件的存放技巧。我们先来看 build.gradle，需要注意的是，这里所说的是 Module 中的 build.gradle，而非 Project 中的。

要实现多渠道打包，主要通过该文件 android 节点中的配置参数进行定义。在默认新创建的工程中，可以在 android 节点下找到 buildTypes 子节点，该子节点又包含 release 子节点。

buildTypes 定义了"版本"。所谓"版本"，即通常意义上的 release、Debug 等，正如默认配置中的 release。此外，Debug 版本默认存在，只是没有显式配置。对于新创建的 Android 项目，默认的 buildTypes 配置如下：

```
buildTypes {
    release {
        minifyEnabled false
        proguardFiles
getDefaultProguardFile('proguard-android-optimize.txt'), 'proguard-rules.pro'
    }
}
```

可以看到，在 release 版本的定义中，有两个配置参数：minifyEnabled（代码混淆开关）以及 proguardFiles（代码混淆配置）。这两个参数有什么含义？除了这两个参数外，还可以定义哪些参数呢？表 7.1 罗列了较常用的配置参数的说明，读者可根据表中的内容进行配置。

表 7.1 较常用的配置参数的说明

| 参数名称 | 说 明 |
|---|---|
| Debuggable | 定义该版本是否为可调试 |
| minifyEnabled | 定义是否需要自动移除没用的 Java 代码 |
| multiDexEnabled | 定义是否可以拆分多个 dex 包 |
| signingConfig | 指定签名配置文件 |
| versionNameSuffix | 定义 VersionName 的后缀 |
| zipAlignEnabled | 定义是否启用 zipAlign 优化 APK |

上述参数只列举了常见的配置，读者如想查询所有的配置参数，请到 http://google.github.io/android-gradle-dsl/current/com.android.build.gradle.internal.dsl.BuildType.html 查看。

除了上述完全自定义版本参数的方法外，还可以继承某个版本，对某些参数进行自定义，类似 Java 编程语言中的 Override。举个例子，现要定义名为 custom 的版本，当我们想继承 Debug 版本时，可以按如下方式配置：

```
custom.initWith(Debug)
custom{
    zipAlignEnabled true
}
```

这样配置后，编译出的 custom 版本就是启用了 zipAlign 优化后的 Debug 版本了，其他未在此配置的参数则与 Debug 版本的配置参数保持一致。

## 2. productFlavors参数

除了 buildTypes 外，我们还可以在 android 节点下添加 productFlavors 字段，该字段定义了"分发渠道"。所谓"分发渠道"，即前文中所述专门发布到华为应用市场和小米应用市场的版本等。该字段在默认配置中并不存在，需要我们手动声明它。一种典型的声明如下：

```
productFlavors {
    huawei {

    }
    xiaomi {

    }
}
```

和 buildTypes 类似，productFlavors 也有很多参数供我们使用。表 7.2 列举了一些常用的配置参数。

表 7.2　一些常用的配置参数

| 参数名称 | 说　明 |
| --- | --- |
| ApplicationId | 完整的程序包名 |
| ApplicationIdSuffix | 包名的后缀 |
| versionName | 定义了该渠道版本的 VersionName 值 |
| versionCode | 定义了该渠道版本的 VersionCode 值 |
| dimension | 指维度，所有的 Flavor 都必须包含 dimension 定义 |

完整的 productFlavors 定义可参考：http://google.github.io/android-gradle-dsl/current/com.android.build.gradle.internal.dsl.ProductFlavor.html。

## 3. 小结

无论是 buildTypes 还是 productFlavors，修改后都需要 Sync 一次 Project，以使修改生效。在 Sync 成功结束后，我们就可以编译不同渠道的不同版本了。对应到本例，总共可以编译 4 个版本的 APK，即 huaweirelease、xiaomirelease、huaweiDebug 和 xiaomiDebug。

通过修改、添加 buildTypes 以及 productFlavors 可以轻松地编译产生不同版本的 APK。如果再加上 demension（维度），就更多了。这种灵活的编译方式为实现多渠道打包奠定了重要的基础。

介绍完了 build.gradle 的配置方法，下面将介绍不同版本代码的组织方式。笔者决定不再纸上谈兵，而是用实例来说明。

## 7.2.2 实例解析

接下来，我们用一个实例来演示如何分渠道打包 APK。项目需求如下：

为了统计用户对地图类 App 的喜好，需要分不同渠道进行分发。渠道 A 集成百度地图，在 X 应用市场上架；渠道 B 集成高德地图，在 Y 应用市场上架。

### 1. 分渠道打包

创建一个新工程，并命名为 AndroidMultiApkDemo。

按照实际需求，我们需要编译两个版本，分别是集成百度地图版和集成高德地图版。因此，我们添加 productFlavors 节点并声明这两个渠道。具体代码如下：

```
productFlavors {
    baidu {
        dimension "default"
    }
    amap {
        dimension "default"
    }
}
```

buildTypes 不做处理，Sync 成功后，打开 Build Variants 视图，可以看到一共可产出 4 个版本，如图 7.4 所示。

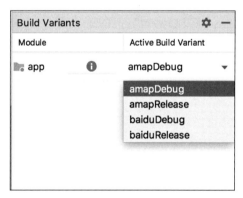

图 7.4　配置了 productFlavors 后的可 Build 版本

然后，打开 Project 视图，并以 Project 方式查看项目文件。依次展开 AndroidMultiApkDemo →app→src，对于新建的工程，src 目录中通常包含 main、test 和 androidTest 三个子目录。我们在 src 中新建 amap 和 baidu 两个新目录，将 main 目录下的内容完整地复制到这两个新目录中。最终的项目文件结构如图 7.5 所示。

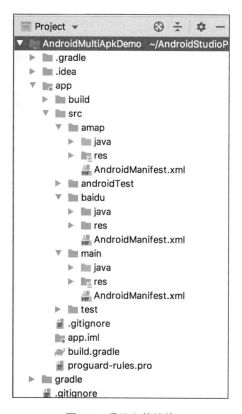

图 7.5　项目文件结构

仔细观察图 7.5，amap 目录下的内容和 main 目录下的内容图标很类似。但 baidu 目录下的内容却是另一番模样。这是因为在 BuildVariants 视图中将当前活动的 Build 设定为 amapDebug 所致。换言之，若将该设定改为 baiduDebug 或 baiduRelease，则 baidu 目录下的内容图标将变为与 main 目录下的类似，而 amap 目录下的内容则与它们不同。

之所以创建 amap 和 baidu 两个目录，目的在于分别编写两个渠道版本的代码。在编译时，系统将根据 productFlavors 中的版本名称与 src 中的目录名自动匹配，从而将不同渠道的代码分开处理。而这两个目录中的内容与 main 中的代码是继承关系，这就解释了为何我们无论选择哪种 BuildVariants，main 目录下的内容都为启用状态，且图标样式不变。

接下来，按照百度地图和高德地图的官方文档分别进行集成。完成后，在 Build Variants 中选择相应的版本，再执行 Build APK 即可编译出对应版本。如果读者偏爱使用命令行，也可在工程根目录下执行：

```
./gradlew assemble[渠道版本名]
```

例如：

```
./gradlew assembleamapDebug
```

即可生产出集成高德地图的 Debug 版本。至此,项目需求已经完整地实现,可以分发了。似乎还有哪里不太对,两个不同渠道的 APK 文件居然一样大,经过解压查看两个 APK,可以很明显地发现它们居然都包含百度地图和高德地图完整的 jar 以及 so 库,这显然是不合理的。

### 2. 分治三方库

其实,要剔除其他渠道版本的 jar 和 so 库很简单,核心思想就是将它们分路径存放,然后再具体声明。

对于本例,笔者的处理方式是将百度地图的 JAR 包放在 app 目录下的 libs_baidu 子目录;高德地图的 JAR 包放在 app 目录下的 libs_amap 子目录,而不是将它们一起放在 libs 中。对于 so 库,笔者则将其放在了 src 目录下 amap 子目录和 baidu 子目录各自的 jniLibs 目录中。

综上所述,最终的项目结构如图 7.6 所示。

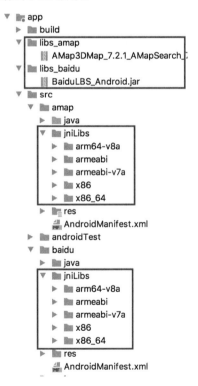

图 7.6 优化后的项目文件结构

用方框框起来的部分就是优化后的文件结构。

接下来,就要修改 build.gradle 文件了,主要改动集中在 dependencies 节点。关键代码如下:

```
dependencies{
    ...
    baiduImplementation files('libs_baidu/BaiduLBS_Android.jar')
    amapImplementation
files('libs_amap/AMap3DMap_7.2.1_AMapSearch_7.1.0_20200115.jar')
    ...
}
```

由于修改后的 jniLibs 目录在编译时可以自动识别，因此无须显式指定。

最后，分别再次编译这两个版本，可以看到 APK 文件有明显的缩小。笔者的实验数据是：未分离 jar 和 so 库时，两个打包出的 APK 大小均为 29MB；分离后，集成百度地图的 APK 大小为 14MB，集成高德地图的 APK 大小为 15MB。

### 3. 注意事项

为了讲述多渠道打包的方法，我们以集成不同地图为例，且整个 App 仅包含单一的地图显示功能。但在实际开发中几乎不存在这样的场景，真实的需求很可能只是整个 App 中的某个小功能点在不同的渠道版本之间有所差异。就比如前面提到的推送服务，实际上仅仅是推送服务单个模块的实现不同，其他的功能点都是一样的。

因此，在实际操作时，我们仅需单独实现有差异的功能模块即可，不要将所有的代码都按照渠道不同在不同的代码目录中都放置一份，而是把相同的代码放到 main 目录下即可。否则，虽然能做到多渠道分发，但维护起来和同时维护多个 Project 的工作量相差无几。

## 7.3　优化资源文件

针对某些开发场景，应用多渠道打包技术已经可以减小 APK 的体积了。但这还不够，我们还可以从资源文件入手，进一步地缩小 APK 的文件大小。

### 7.3.1　图片格式的选择

图片素材可以说是使用非常广泛的资源文件了，这一小节我们从图片格式选取的角度来介绍如何优化图片素材。

#### 1. 使用WebP替代传统图片格式

在第 6 章中，我们了解到了 WebP 格式。类似地，在开发 Android App 时，WebP 格式依然可用。如非必要，建议尽量减少使用 JPG 或 PNG 格式的图片资源，尽量多使用 WebP 格式的素材。

需要特别说明的是，WebP 并非全能，以下几点需要留意：

（1）对于 GIF 格式，转换后的 WebP 将只保留其静止状态。也就是说，如果原始 GIF 本身为动态图片，应保持原样，不要对其转换。

（2）App 图标（默认为若干 ic_launcher.png）可能在上架时要求必须采用 PNG 格式，因此不要对其转换。

（3）WebP 格式在 API Level 13（Android 3.2）及以上版本受支持，无损、透明的 WebP 格式在 API Level 18（Android 4.3）及以上版本受支持。如果你的 App 运行在较早版本的系统上，那么建议谨慎使用 WebP 格式。

（4）WebP 格式与经过 9-Patch 处理的图片不兼容。

排除了上述例外情况后，就可以放心地对原有图片进行转换了。Android Studio 中提供了快速方便的转换工具，可以对单个文件进行转换，也可以对整个目录下的图片进行转换。并且可根据实际情况做出如下排除：

（1）有损和相关质量参数以及无损编码选择。

（2）跳过 9-Patch 处理的图片（必选）。

（3）跳过转换后比转换前体积更大的图片（可选）。

（4）跳过带有透明度的原始图片（可选，当 API Level 不符合要求时，此项为必选）。

首先，在要进行转换的对象上右击，可以是一张图片，也可以是一个目录。然后在弹出的菜单中选择 Convert to WebP...，接着在如图 7.7 所示的对话框中配置转换参数。最后，单击 OK 按钮，确认转换。

如图 7.7 所示，以有损的方式进行转换，并勾选 Preview/inspect each converted image before saving 复选框。当我们以有损选项进行转换时，该工具会在转换过程中弹出预览对话框。在该对话框中，除了可以看到转换后的预览效果外，还可以看到转换前后的文件大小比较以及像素差异图，我们还可以调整质量参数，并进行实时预览。

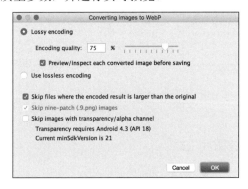

图 7.7　WebP 格式转换确认对话框

## 2. 压缩PNG/JPG图片

如果你的 App 必须采用 PNG 或 JPG 格式的素材图，那么最好对其进行压缩处理。对于 PNG 格式，可以使用 PNGCrush 工具；对于 JPG 格式，可以使用 packJPG 工具。鉴于目前大部分 App 在开发中采用的是 PNG 格式，而 PNGCrush 工具本身只对单文件有效，无法对整个目录进行压缩。所以笔者基于 PNGCrush 工具开发了能够递归整个目录的版本，名为 EnhancedPNGCrush。感兴趣的读者可以到笔者的 Gitee 开源项目库中下载（https://gitee.com/wh1990xiao2005/EnhancedPNGCrush）。

除了上述压缩图片的方式外，特别对于 PNG，aapt 工具在项目编译过程中还将通过无损压缩的方式优化位于 res/drawable 中的图片资源文件。这里所谓的无损，指人眼无法察觉的损失，比如通过调色板将无须使用超过 256 色的图片降低为 256 色，从而节省占用空间。不过有一种情况是我们不愿看到的——压缩后的文件反而更大。虽然这听上去有点不可思议，但在实际操作中确实会出现。为了避免 aapt 帮倒忙，需要在 gradle 配置文件中添加以下代码来规避此风险：

```
aaptOptions {
    cruncherEnabled = false
}
```

## 3. 复用相似图片

首先，让我们观察一下图 7.8 所示的 App 界面。

图 7.8　两个显示相似图片的 ImageView

这个界面由两个 ImageView 控件组成，显示的都是 Google 的 Logo。其实却不然。如果让你来实现，你打算怎样做呢？如果要美工出两张图，那就欠佳了。且看笔者如何实现：

```
<ImageView
    android:layout_width="wrap_content"
    android:layout_height="wrap_content"
    android:src="@mipmap/google_logo" />
<ImageView
    android:layout_width="wrap_content"
    android:layout_height="wrap_content"
    android:rotation="180"
    android:src="@mipmap/google_logo" />
```

很明显，下方的 ImageView 使用了 rotation 属性，旋转了 180 度，得到了翻转后的图像。这样一来，就可以少用一张素材图。减小 APK 文件大小的同时还减轻了美工的工作负荷，可谓是一举两得。该技巧在实际开发中很常见，比如前进和后退按钮。类似的还可以更改资源颜色、为图片使用阴影等。只要我们善于观察，发现素材之间的规律，就可以轻松清理掉那些类似的素材。

### 4. 应对多尺寸的9Patch处理方案

无须多言，稍有 Android App 开发基础的读者就会用 9Patch 工具，所以就不再赘述它的具体使用方法了。如果你还不了解 9Patch 技术，还是抓紧时间学习吧。这里罗列几点注意事项，给各位读者提个醒，以便在实际开发中少走弯路。

（1）9Patch 处理的图片，原图应是 PNG 格式而非 JPG 格式。

（2）在使用 9Patch 工具描绘边缘时，四边都要画，且尽量对称。

（3）经过 9Patch 处理后的图片应放在 drawable 目录下，不要放在 mipmap 目录下。

留意以上 3 点，使用 9Patch 工具会更顺利。

## 7.3.2　合理使用矢量图

众所周知，矢量图是经过矢量计算绘制出来的图形，它的特点是无论怎样放大和缩小，图像都不会失真。随之而来的另一个优点是节省空间。分辨率为 100×100 的矢量图和分辨率为 1000×1000 的矢量图可以使用同一个文件，而无论是 JPG、PNG 还是 WebP 格式，对于相同内容的图片而言，文件尺寸和分辨率往往成正相关的关系。

如图 7.9 所示，ImageView 控件被设置成宽高均为 match_parent。正是由于使用了 VectorDrawable 对象，Android 机器人样式的图片仅需不足一千字节的空间成本。

图 7.9 加载了矢量图的 ImageView

除了节省空间外，VectorDrawable 的自由度也很高，我们可以在 XML 描述文件中自由地更改图像的颜色、更改图片的内容等。

但是，矢量图也有它的不足之处。由于矢量图需要经过计算才能完成绘制，因此图像越复杂，耗费的计算时间也就越长。所以在实际使用中，我们应仅对较为简单的、需要较少算力的图形采用矢量绘制的方式。另外，虽然矢量图绘制路径可由开发人员完全自定义，但在实际开发中很少有人去修改它，因为它对人类来讲不像 PhotoShop 或类似软件那样修改起来很直观，它是很难以理解的。本例中的 Android 机器人对应的矢量计算路径如下：

```
<vector xmlns:android="http://schemas.android.com/apk/res/android"
    android:width="24dp"
    android:height="24dp"
    android:viewportWidth="24.0"
    android:viewportHeight="24.0">
  <path
    android:fillColor="#FF000000"
    android:pathData="M6,18c0,0.55 0.45,1 1,1h1v3.5c0,0.83 0.67,1.5
1.5,1.5s1.5,-0.67 1.5,-1.5L11,19h2v3.5c0,0.83 0.67,1.5 1.5,1.5s1.5,-0.67
1.5,-1.5L16,19h1c0.55,0 1,-0.45 1,-1L18,8L6,8v10zM3.5,8C2.67,8 2,8.67
```

```
2,9.5v7c0,0.83 0.67,1.5 1.5,1.5S5,17.33 5,16.5v-7C5,8.67 4.33,8
3.5,8zM20.5,8c-0.83,0 -1.5,0.67 -1.5,1.5v7c0,0.83 0.67,1.5 1.5,1.5s1.5,-0.67
1.5,-1.5v-7c0,-0.83 -0.67,-1.5 -1.5,-1.5zM15.53,2.16l1.3,-1.3c0.2,-0.2
0.2,-0.51 0,-0.71 -0.2,-0.2 -0.51,-0.2 -0.71,01-1.48,1.48C13.85,1.23 12.95,1
12,1c-0.96,0 -1.86,0.23 -2.66,0.63L7.85,0.15c-0.2,-0.2 -0.51,-0.2 -0.71,0
-0.2,0.2 -0.2,0.51 0,0.71l1.31,1.31C6.97,3.26 6,5.01 6,7h12c0,-1.99 -0.97,-3.75
-2.47,-4.84zM10,5L9,5L9,4h1v1zM15,5h-1L14,4h1v1z"/>
    </vector>
```

能熟练地将机器人矢量图修改为任意动作不是一般人可以达到的境界。

## 7.3.3　资源文件后加载技术

如果你正在开发的 App 确实有很多图片显示需求，而且都是 GIF 图，无法应用 WebP 转换，也无法压缩，该怎么办呢？典型的例子就是聊天软件中的动画表情，它们大部分都是 GIF 动图，而且数量很庞大。解决方案就是资源后加载。

所谓资源后加载，有两种实现方案，下面分别来看。

第一种方案：思路是将这些动图使用 ZIP 压缩，放在 assets 目录中。使用时，或首次启动 App 时，由程序代码操作释放它们到存储空间中，这样做可以缩小 APK 的体积。

第二种方案：即随用随加载。当 App 检测到或"猜测"用户可能要发送动画表情时，通过网络请求获取动画表情。这种方案比起第一种更加节省空间，但缺点是当网络状况欠佳时，资源加载速度会很慢。

那么，怎样才算是最优化方案呢？答案是两种方案结合使用。

首先，在 APK 内部以 ZIP 格式压缩一些常用的动画表情，放到 assets 目录中，随 APK 分发。然后，在适当的时机完成其他动画表情的下载。这样一来，既保证了用户体验，又达到了给 APK 瘦身的目的。

这里还有一个问题：什么时候去网络请求这些表情数据最为合适呢？笔者给出的建议是，当用户进入聊天界面时，在后台默默地更新用户购买的表情包最为合理。一方面，处于聊天界面通常意味着用户当前正处于聊天状态，如果要传送大量的数据，比如视频、大图片等，通常需要完成选取，或者拍照后才能开始传送。这就给更新表情包留出了足够的时间。另一方面，聊天界面可以说是距离发送动画表情最为接近的了。如果此时再不完成更新，而是拖到用户真正使用的时候，势必会造成用户等待的情况。综上所述，一旦用户进入聊天界面，App 就应该在后台默默地完成更新操作。

当然，这里以更新动画表情为例，在其他类型的 App 中，可能也存在类似的问题。处理方法和处理原则是类似的，即在优化和用户体验之间进行平衡。我们进行优化的初衷和本质是为了提升用户体验，要把握好这条准则。

### 7.3.4 清理未使用的资源文件

本小节我们来介绍如何清理没用到的素材,将介绍两种方法。

在第 2 章中,曾经介绍过使用 Lint 可以找出未使用的资源,这里就不再赘述其详细步骤了,如果你对此有疑问,可以回到第 2 章查看。

除了 Lint 工具外,还可以在 build.gradle 中添加如下配置:

```
android {
    ...
    buildTypes {
        ...
        custom {
            ...
            minifyEnabled true
            shrinkResources true
            proguardFiles getDefaultProguardFile('proguard-android.txt'),
'proguard-rules.pro'
            ...
        }
    }
}
```

特别留意 shrinkResources 字段,当其值为 true 时,在编译相应版本时会省略没有用到的素材。它和 Lint 不同,使用 Lint 检查出的问题需要手动处理,要么移除相应资源,要么添加过滤。但在 build.gradle 中如上配置后,即使有多余的资源,也无须手动处理。需要特别注意的是,使用资源清理能力的前提是启用代码混淆,即 minifyEnabled 也为 true,并正确使用代码混淆的配置文件。

关于代码混淆的详情将在下一小节讨论。

## 7.4 使用代码混淆

代码混淆可以帮助我们很好地隐藏代码,防止反编译。同时,还可以达到缩减发布安装包大小的目的。在早期版本(3.4.0 版本前)的 Android Studio 中,代码混淆操作由 ProGruard 来完成。现在,Android 官方采用 R8 编译器来处理代码混淆,且与 ProGuard 规则配置文件相兼容。换句话说,旧版本的 ProGuard 无须改变,即可无缝迁移使用 R8 编译器。

下面我们就来看看较新版本的 R8 编译器的原理以及如何使用它。

## 7.4.1 R8 编译器的优化原理

在使用 Android Gradle Plugin 3.4.0 及以上版本进行编译时，R8 编译器将会参与到构建流程中。当然，前提是我们启用了它，默认情况下是没有启用的。启用后，R8 编译器将自动执行下列任务：

- 代码压缩：该项任务将检测开发者自己编写的代码以及依赖库中没有使用到的类、变量、方法和字段等，并合理地移除它们，达到减少代码量的目的。

  举个例子：开发者自己编写的代码分别用到了某个依赖库中名为 A.class 的 X()、Y() 方法，但完整的 A.class 不仅包含这两个方法，还有 Z() 方法。但由于 Z() 方法并没有发生过调用，因此它将被移除。当然，如果 Z() 方法被依赖库调用，而我们又不十分确定的时候，可以查阅依赖库的文档。文档中会对代码混淆做出详细说明，如果某个类中的方法不应移除，就需要使用 -keep 规则忽略这个类。还有，当我们通过反射的方式使用某段代码时，相应的代码可能会被认为是无用的代码，也应添加 -keep 规则，否则将可能导致 App 运行崩溃。

  另外，对于 64KB 引用限制，若进行代码压缩后可以避免，则无须再启用多 dex 的方式编译。

- 代码混淆：该项任务通过缩短类和成员名称达到防止反编译和减少代码量的目的，进行过代码混淆的类、方法、成员名通常人们轻易无法理解和理清其调用关系。

- 代码优化：该项任务将通过优化代码的逻辑结构达到减少代码量的目的，比如移除空的 else 分支等。需要注意的是，使用 R8 编译器后，之前的 -optimizations 和 -optimizationpasses 可能会失效。这是因为 R8 编译器会忽略影响代码优化的混淆规则，它不允许用户修改优化行为。但是，你可以完全停用代码优化任务。

- 资源压缩：资源压缩的原理在 7.3 节已经描述过了，这里不再赘述。

我们可以按照 R8 编译器内置的默认策略执行上述任务，也可以自定义具体该如何做这些任务。

## 7.4.2 启用代码混淆

前文中已经讲过，默认情况下代码混淆并不生效，需要开发者手动启用它。这是因为如果默认启用，每次编译都会耗费大量的时间。另一方面，如果开发者并没有指定哪些类需要排除，极易触发运行崩溃。

启用代码混淆的方法在之前已经大致介绍过，主要是编辑 Project 中的 build.gradle 文件，示例代码如下：

```
android {
    ...
        buildTypes {
            ...
            release {
                minifyEnabled true
                shrinkResources true
                proguardFiles getDefaultProguardFile(
                        'proguard-android-optimize.txt'),
                        'proguard-rules.pro'
                ...
            }
        ...
        }
    ...
}
```

上述代码对 release 版本进行了混淆方式定义。

- minifyEnabled是代码混淆的"总开关"，默认值为false。
- shrinkResources是缩减资源文件的开关，默认值为false，作用是清理没有用到的资源素材文件。
- proguardFiles用于指定代码混淆的规则，getDefaultProguardFile将返回SDK目录中tools目录下的proguard路径。在该目录中存在名为proguard-android-optimize.txt的文件，后面的proguard-rules.pro存在于每个module中。一般情况下，自定义的代码混淆规则会在此文件中配置。

  例如上述代码中的写法可将混淆配置文件结合到一起，我们可以在该字段添加多个混淆配置文件。需要注意的是，当项目中集成了第三方库且库中存在混淆配置文件时，则其中的混淆规则会追加应用到整个项目中。

除了上例中的 3 个参数外，还可以配置其他参数，比如 zipAlignEnabled，它也可以达到压缩的目的。更多参数读者可参考 7.2.1 小节。

## 7.4.3　添加混淆例外项的两种方式

当我们不希望某些代码被错误地排除时，需要添加例外以保留它们，添加例外总共有以下两种方式：

（1）在 Proguard 配置文件中（通常是 module 中的 proguard-rules.pro）使用-keep 来添加例外。比如，要对名为 MainActivity.java 的类原样保留，通常的写法为：

```
-keep public class MainActivity
```

（2）在要添加例外的类中通过@Keep 注解的方式添加例外。当@Keep 注解作用于类时，整个类的内容将被保留；当@Keep 注解作用于某个方法或变量时，相应的方法或变量将被保留。该方法只有迁移到 AndroidX 后可用，否则请按照方式（1）来添加例外。

最后，提醒读者：如果一个 App 在混淆后反复崩溃，但无论从代码逻辑还是资源文件都查不出问题，那么可以关闭混淆后打包试试。如果在没有启用混淆的情况下程序可以正常运行，问题就出在混淆的步骤之中。通常的做法是看崩溃发生在哪个类，然后尝试将其添加到例外项中，最后再次尝试运行。

以上操作可以解决大部分由混淆带来的异常问题。

# 第 **8** 章

# App 耗电及 Crash 体验优化

我们都知道，对于移动设备，无论是手机还是平板电脑，其续航时间在用户体验中都扮演重要角色，低续航通常会给用户带来不好的体验，甚至让用户产生危机感，不敢长时间持续使用设备，续航时间越久，这种现象就越不明显，用户体验就越好。若要尽量做到这一点，则关键在于降低 App 的耗电量。

此外，对于 App Crash，相信无论是作为用户还是开发者，都是不想看到的。它不可避免地发生，极大程度影响用户的体验。

本章我们来介绍如何优化 App 的耗电量以及如何优雅地处理 App Crash 的话题。

## 8.1 电量优化原则

其实，电量优化的原则非常简单——让 App 少干活，其原因显而易见——干活就会耗电。那就索性少做点事，前提是不要影响到正常的功能。

对于不同类别的 App，要达到这样的目的有不同的做法。比如，对于即时消息 App，集成厂商的推送服务，而不是总保持长连接或定时心跳，就是一种省电策略。又比如，对于导航 App，当用户处于息屏、返回 Home 或其他无须导航的情况时，可将 GPS 资源释放，也可以节约电量。诸如此类的做法，其宗旨就是让 App 少做事。

除了少做事之外，最好还能让 App 聪明地做事。举个例子，现有一款文字处理 App，在电量充足的状态下，App 每隔 10 分钟会在本地进行文档备份以及上传到网络进行文档备份。当电量不足时，不妨仅在本地备份，并适当地提示用户：在省电模式下未进行网络备份。这样的"动态"机制可以在设备不同状态下执行不同的任务，在某些应用场景中非常有效。再如，如果我们要开发一系列产品，不妨将统一的功能模块封装起来。用户管理模块就可以这样做，当 A App 和 B App 都需要登录，并且使用相同账号登录时，可将用户管理模块独立出来。登录、注册以及用户信息的缓存都在这一公共的模块中实现。这样就省去了每个 App 分别管理用户信息的麻烦，无论是存储空间还是要执行的任务都会更少。

讲到这，相信各位读者已经知道该怎么做了。这种看似偷懒的做法可以节省电量，执行的任务越少，耗电量也就越低。当然，前提是不要扰乱正常的运行。

# 8.2　Android 系统的耗电策略及应对方案

除了 8.1 节中我们提及的"人为"省电策略外，Android 操作系统也内置了一些 App 运行策略，这些策略在一定程度上节约了耗电量。作为开发者，借助相应的 API 即可轻松适配这些策略。此外，在调试过程中，借助 adb 命令可模拟多种设备供电状态，以便测试 App 在不同状况下的运行表现。

## 8.2.1　系统本身的策略及应对方案

纵观 Android 操作系统各版本的更新日志，可以发现：对于 App 的运行策略限制得越来越详细，也越来越复杂。本书将以 Android 9 为例进行讲解。了解这些策略的目的主要有两个：第一，明确设备处于不同状态下对 App 运行的限制，从而定位由此带来的问题；第二，基于这些限制，可以在适当的时机执行恰当的任务。

此外，对于不同生产厂商，还会有其自定义的限制策略，请各位读者特别留意。

### 1. Doze模式

当设备息屏且持续一段时间不再使用时，系统会进入 Doze 模式，该模式又称为低电耗模式。一旦系统进入 Doze 模式，App 的执行将会受到以下限制：

- 网络交互会被中断。
- Wakelock失效。
- AlarmManager会被推迟。
- 账户同步功能失效。
- Jobscheduler关联的任务不会执行。

如果我们用横轴表示时间，纵轴表示耗电量，应用 Doze 模式后，理想状态下的设备耗电情况如图 8.1 所示。

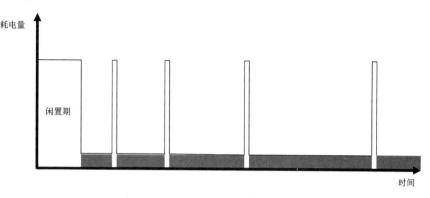

图 8.1　Doze 模式耗电图

图 8.1 中，实心灰色部分表示 Doze 模式，关闭屏幕并渡过几分钟闲置期后，进入该模式。由于大幅限制了 App 的运行，耗电量极少。每隔一段时间，系统会宣布暂时退出 Doze 模式，进入短暂的活动期。活动期对应图 8.1 上闲置期后的 4 个波峰，系统会在这 4 个短暂的时间段内执行由于 Doze 模式而延迟的所有活动，在这期间，网络访问也会恢复。一旦活动期结束，系统会再次进入 Doze 模式。另外，随着时间的推移，每次 Doze 模式的持续时间会变长。

当用户手动点亮屏幕或将设备连接至充电器时，Doze 模式将退出，设备恢复活动状态。

如果处理不当，这样的限制可能会造成 App 运行出现"假卡顿"的现象，即在设备亮屏使用时，App 运行稳定，一旦黑屏一段时间后，本该运行的代码逻辑被推迟或取消操作。比如心跳包，在亮屏时可以达到每两分钟一次心跳，而一旦黑屏一段时间后，就有可能会 5 分钟一次心跳。如果服务器是通过心跳包来确认用户在线状态的话，就很可能会造成用户被迫下线的后果。

### 2. Doze模式的适配

了解完 Doze 模式的限制策略后，我们来讲讲如何对其进行适配。

- 典型场景一：心跳包

  心跳包的典型场景就是保持设备与服务器的长连接状态。说实话，笔者并不建议在App中使用心跳包，不仅耗电，还耗流量。其实，讲到心跳包，往往离不开推送。如果可能，建议读者集成各厂商的推送SDK，彻底和心跳包说再见。大部分情况下，这些厂商自己的推送服务不会应用Doze模式的网络限制策略。也就是说，集成推送服务后，即便我们开发的App被限制了网络，其中的推送服务仍然是可用的。

  不过，如果迫不得已，必须使用心跳包，那么可以借助AlarmManager。但在设备闲置状态下，AlarmManager有可能被推迟到下一个活动期才被执行，这样还是会造成心跳延迟。如何处理AlarmManager呢？我们继续往下看。

- 典型场景二：AlarmManager

  为了使AlarmManager中的任务可以准时执行，从API Level 23（Android 6.0）起，可以调用setAndAllowWhileIdle()和setExactAndAllowWhileIdle()方法规避延迟的问题。但要特别注意的是，上述两个方法触发的AlarmManager频率不得多于9分钟。为了使Doze模式真正发挥作用，切勿滥用AlarmManager。

### 3. App-Standby模式

当系统认为 App 在非活动状态时，进入待机状态，即 App-Standby 状态。

App-Standby 模式和 Doze 模式最大的区别在于：前者针对某一个 App 进行限制，后者针对设备中所有的 App 进行限制。

App 待机状态的进入条件很简单，当用户不再与该 App 发生交互时，App 将在一段时间后转为待机状态。但有几个例外情况：

- 用户明确启动的App。
- App中有前台活动正在运行，比如正在显示某个Activity，或者某个Foreground的Service等。
- 当App发出通知，显示在通知栏或锁屏界面上时。
- 当App属于设备管理类别时。

和 Doze 模式类似，当用户和 App 发生交互，或将设备与充电器连接时，App 将由待机模式退出，可自由地运行。

在 Android 9 版本中，对应用待机模式引入了新的规则，即应用待机分类机制。该机制旨在根据 App 的使用情况和预测应用行为，将其分为优先级不同的 5 类，即活跃、工作集、常用、极少使用以及从未使用。

- 活跃：该类App指当前正在与用户发生交互的，或者刚刚使用结束不久的App，这类App的执行不会受限，它是自由的。但要注意，没有主启动Activity以及发送的通知不具备交互属性的App不会出现在活跃类别中。
- 工作集：该类App包含用户特别经常使用的App，通常每天都会启动一次或多次，这类App的执行会受限，但很少。
- 常用：该类App包含用户常用但并非每天都在用的App，比如猫眼电影、大众点评等每逢休闲时光才会使用的App。这类App的执行受限稍显严格。
- 极少使用：该类App的使用频率不高，比如航旅纵横、携程旅行之类每逢旅行才会使用的App。这类应用的执行限制则更多，比如网络交互。

- 从未使用：顾名思义，这类App包括自从用户安装成功后就没启动过的应用。当然，它们的执行限制最严格。

表 8.1 列举了不同优先级分类的限制详情。

表 8.1　不同优先级分类的限制详情

| 分 类 名 | JobSchedule 推迟 | AlarmManager 推迟 | 网络访问推迟 |
| --- | --- | --- | --- |
| 活跃 | 无限制 | 无限制 | 无限制 |
| 工作集 | 不多于 2 小时 | 不多于 6 分钟 | 无限制 |
| 常用 | 不多于 8 小时 | 不多于 30 分钟 | 无限制 |
| 极少使用 | 不多于 24 小时 | 不多于 2 小时 | 不多于 24 小时 |

最后，由于待机分类是针对包而言的，如果你的 App 包含多个包名，那么它们有可能分布在不同的应用待机分类中。

### 4. App-Standby模式的适配

前文中我们提到，当用户不再与 App 发生交互时，过一段时间，App 将进入待机状态。若要保持 App 持续活动，则需要结合具体的需求来确定。

比如，我们正在开发一款导航 App，当处于导航状态时，无论用户怎样做，除非退出程序或强行停止，我们都应持续提供导航服务；再比如，一款音乐播放器，即使用户将 App 切换到后台，也不能无故停止音乐的播放。对于这类 App，我们可适当调整 Service 级别到 Foreground 或在通知栏处显示通知。这样可以规避系统误将 App 转为待机状态。当然，不应利用该途径阻断正常的 App 状态转换。

此外，对于应用待机分类，也不应主动干预系统强制某个 App 的具体分类。对于包含多个包的 App，在测试时应尽可能地覆盖各种待机分类组合，以确保 App 在任何情况下都可能正常运作。

### 5. 添加白名单不是万金油

通常，如果想让系统排除 App 的耗电优化，就会添加名为 REQUEST_IGNORE_BATTERY_OPTIMIZATIONS 的权限，并启动 ACTION_REQUEST_IGNORE_BATTERY_OPTIMIZATIONS 的对话框引导用户添加白名单。但即使如此，也无法确保 App 的执行是完全自由的。

对于已经添加到白名单的App，其JobScheduler 以及AlarmManager 在 API Level 23（Android 6.0）及以下版本中仍然会被推迟执行，这一点要特别注意。

### 8.2.2 使用 adb 模拟设备状态

在 API Level 23（Android 6.0）及更高版本的 Android 操作系统上，我们可以通过 adb 命令模拟设备电池状态。这样一来，对于 App 的测试与调试就更加轻松了。

要迫使整个设备进入 Doze 模式，可在命令行执行：

```
$ adb shell dumpsys deviceidle force-idle
```

反之，退出 Doze 模式，可执行：

```
$ adb shell dumpsys deviceidle unforce
$ adb shell dumpsys battery reset
```

要迫使某个 App 进入 App-Standby 模式，可在命令行执行：

```
$ adb shell dumpsys battery unplug
$ adb shell am set-inactive [应用包名] true
```

反之，若要唤醒它，则可执行：

```
$ adb shell am set-inactive [应用包名] false
$ adb shell am get-inactive [应用包名]
```

要改变某个 App 的待机分组，可执行：

```
$ adb shell am set-standby-bucket [应用包名] [待机分类名]
```

待机分类名通常为 active（活跃）、working_set（工作集）、frequent（常用）、rare（极少使用）中的一个。

若要查看某个 App 所在的分组，则可执行：

```
$ adb shell am get-standby-bucket [应用包名]
```

或在 App 的代码中调用：

```
UsageStatsManager.getAppStandbyBucket()
```

方法，可获取当前 App 所在分组。

# 8.3 App Crash 体验优化

相信很多读者都有过这样的经历：自己玩着某个程序，突然屏幕一黑，然后出现一个对话框，提示："很抱歉，应用程序已经停止工作。"

这意味着程序已经崩溃了，用户唯一能做的就是重新运行这个程序，或者干脆不再使用它了。可想而知，我们的目标是：程序发生了异常后，尽量让用户不离开本程序，并尝试恢复运行。因此，我们需要自定义异常处理流程，然后自动重新启动程序，最后恢复崩溃前的现场。

看上去很复杂，其实很容易，核心在于对 Application 类的继承。

首先，在应用中写一个类，继承 Application，然后在 AndroidManifest.xml 中注册，注册的代码如下：

```
...
android:name=".environment.BaseApplication"
android:enabled="true"
android:icon="@drawable/icon64"
android:label="@string/app_name"
android:persistent="true" >
...
```

由 上 述 代 码 可 知 ， 我 们 把 继 承 了 Application 的 类 命 名 为 [App 包名].environment.BaseApplication。接下来在该类中对异常进行处理。

在 BaseApplication 中 创 建 一 个 名 为 CrashHandler 的 子 类 ， 该 类 实 现 UncaughtExceptionHandler 接口，复写 uncaughtException 方法。如上所述，这里我们需要重启程序，因此名为 CrashHandler 的内部类的实现可参考下例：

```
class CrashHandler implements UncaughtExceptionHandler {
    @Override
    public void uncaughtException(Thread thread, final Throwable ex) {
        ex.printStackTrace();
        Intent restartIntent = new Intent(BaseApplication.this,
SplashScreen.class);
        restartIntent.setFlags(Intent.FLAG_ACTIVITY_NEW_TASK);
        startActivity(restartIntent);
        android.os.Process.killProcess(android.os.Process.myPid());
    }
}
```

这里需要注意的是，Intent 对象的 Flag 必须包含 FLAG_ACTIVITY_NEW_TASK。

最后，在复写的 onCreate 方法中，指定异常处理的方法：

```
Thread.setDefaultUncaughtExceptionHandler(crashHandler);
```

其中，crashHandler 为内部类 CrashHandler 的对象。至此，我们的程序在发生崩溃的时候就不会出现程序崩溃的对话框了。

最后，根据实际 App 运行状态尝试对崩溃现场的数据进行还原。

这里要特别强调一点：如此重启，若处理不当，则可能会造成更严重的后果——App 循环崩溃，这将导致整个设备无法使用。比如，当发生崩溃的代码位于 onCreate()方法中时，程序是无法重启成功的。此时，用户别无他法，只能重启设备了。

应对这种情况，可以尝试在要启动的 Activity 的 onCreate()方法开头和 onResume()方法末尾添加判断逻辑，其具体思路是添加一个名为 ifShouldRestart 的布尔型全局变量，随后检查程序是否是在崩溃后重启的。在 onCreate()方法开始处将 ifShouldRestart 置为 false，表示暂不开启崩溃自动重启逻辑。在 onResume()方法的末尾将该变量置为 true，表示重启已经成功，若再次发生崩溃，则自动重启机制仍然生效。与之相配合的，在发生崩溃时，应检查是否可以应用重启机制。若 ifShouldRestart 变量为 false，则不要运行重启逻辑；否则运行。

这样一来，既可以快速还原崩溃前的现场，又可以规避由此带来的副作用。